El olfato

Laura López-Mascaraque
y José Ramón Alonso

CSIC

CATARATA

Catálogo general de publicaciones oficiales
http://publicacionesoficiales.boe.es

Diseño gráfico de cubierta: Carlos del Giudice

Fuencarral, 70
28004 Madrid
Tel. 91 532 20 77
Fax. 91 532 43 34
www.catarata.org

isbn (csic): 978-84-00-10178-7
isbn electrónico (csic): 978-84-00-10179-4
isbn (catarata): 978-84-9097-292-2
isbn electrónico (catarata): 978-84-9097-293-9
nipo: 059-17-008-0
nipo electrónico: 059-17-009-6
depósito legal: M-7.113-2017
ibic: PDZ/PN

A nuestros amigos y colegas de la Red Olfativa Española, porque con modestia, trabajo y buen humor contribuyen al avance de la ciencia y ayudan a construir un mundo mejor.

Los autores quieren expresar su gratitud a Lluís Fortes por su ayuda en las ilustraciones, al Instituto Cajal del CSIC y a la Universidad de Salamanca, las instituciones donde realizan su labor, y a todas las entidades nacionales e internacionales que durante décadas han apoyado su investigación sobre el olfato.

Índice

CAPÍTULO 1

El olfato, la maravilla desconocida

¿Cuántas veces en tu vida un olor o un aroma ha traído a tu mente aquel guiso de la abuela, ese perfume "a mamá" que solo ella tenía, el sentimiento de emoción que experimentabas al abrir un libro nuevo, la llegada de una tormenta tras un largo día de verano o, simplemente, la fragancia del césped recién cortado? Hace ya casi cien años, Marcel Proust escribió acerca de esta conexión del aroma con las emociones y la memoria, evocando sus recuerdos de infancia tras mojar una magdalena en una taza de té caliente.

De los cinco sentidos, el olfato es el más desconocido, pero también el primero, el más directo, el que más recuerdos evoca y el que más perdura en nuestra memoria. Como decía Helen Keller, un "hechicero poderoso que nos transporta miles de kilómetros y hacia todos los años que hemos vivido".

Y de eso trata este libro, de este sentido tan ignorado, capaz de atraer a una polilla desde enormes distancias y de avisarnos del mal estado de un alimento, el que nos proporciona el placer de un buen vino y, gracias a su temprano desarrollo evolutivo, el que orquestó nuestro cerebro.

¿Qué es el olfato?

El olfato es uno de los cinco sentidos clásicos, que nos da información de nuestro mundo exterior, aunque con frecuencia de forma inconsciente. Su importancia para la supervivencia se muestra claramente en los animales, a los que les sirve para la búsqueda de comida, refugio y pareja. En la especie humana, su papel total no se conoce, pero realmente afecta a nuestras vidas mucho más de lo que pensamos. Sin embargo, nuestra cultura atribuye al sentido del olfato un valor tan bajo que nunca hemos llegado a desarrollar un vocabulario apropiado para describirlo.

Es casi imposible explicar cómo huele algo, asociar ese olor con su nombre concreto y, más aún, describir cómo es a alguien que carece de olfato o no ha olido ese algo nunca. Podríamos decir que es un sentido invisible, sorprendente y, además, mudo, que no se entiende con el lenguaje y que es realmente difícil de verbalizar. Tenemos una gran dificultad en poner nombre a un olor; "existen nombres para toda una gama de matices de colores, pero ninguno para los tonos y los tintes de un olor", escribe Diane Ackerman en su libro *Una historia natural de los sentidos.* No existe un nombre para un olor determinado, es el objeto asociado lo que da el nombre al olor: una naranja puede tener un sabor ácido, dulce o amargo, pero siempre "huele a naranja". Sin embargo, vivimos en un mundo en el que miles de olores invisibles flotan en el aire.

Imaginemos que pequeñas moléculas volátiles llegan a nuestra nariz e invaden nuestro sentido del olfato, que está diseñado para detectar miles de productos químicos diferentes. Porque el olfato es en realidad un fino sensor químico, capaz de analizar productos sobre la marcha sin necesidad de complejas y lentas reacciones en tubos de ensayo; un sistema complejo que nos mantiene informados y en contacto permanente con el entorno. Todos los seres vivos, desde las bacterias unicelulares, pueden detectar productos químicos en su ambiente. En realidad, los olores que nos rodean son mezclas de moléculas químicas, ligeras y volátiles, y el olfato podríamos decir que es la versión más elaborada de los tradicionales laboratorios de análisis químico que los animales usan para la detección química y la discriminación.

El comportamiento social, alimentario y de supervivencia de la mayoría de los animales está controlado por el olfato. Por el contrario, nosotros los humanos "vemos" el mundo por los ojos y los oídos y no nos guiamos por los olores... ¿Es esto realmente así? Sabemos que las madres pueden detectar a sus hijos por el olor y viceversa. El mundo que nos rodea se representa en el cerebro mediante la percepción de tres componentes físicos: ondas visuales, frecuencias de sonido y moléculas químicas, que son procesados en el cerebro e interpretados como colores, sonidos y olores y sabores, respectivamente.

Anatomía (sistema olfatorio y sistema vomeronasal)

La nariz es el órgano olfativo por excelencia, que nos ayuda a percibir los olores y que además también forma parte del aparato respiratorio y vocal. Su interior está dividido en dos cavidades o fosas nasales, separadas entre sí por un cartílago, el tabique nasal, con unos orificios de salida denominados narinas que ponen en contacto el interior y el exterior.

Abraham Tamir (2012) clasificó las narices en 14 tipos de acuerdo a su forma; desde la nariz griega (recta) a la nariz de águila (como un gancho hacia abajo, fina), pero, realmente, la nariz adopta su forma en función de los cartílagos y huesos nasales, los cuales varían dependiendo de las características propias de la diversidad humana. Puede incluso responder a una adaptación climática al frío. Así, las cavidades nasales de personas originarias de zonas frías y secas son más altas y poseen un diámetro mayor en su parte superior que las de los habitantes de zonas cálidas y húmedas. Este rasgo anatómico aumenta el recorrido del aire entrante para conseguir que se adapte con rapidez a la temperatura corporal.

FIGURA 1

En la cavidad nasal, las neuronas olfativas captan los odorantes volátiles. El potencial de acción generado viaja a través de los glomérulos hacia las células mitrales. Esta señal quimiosensorial se transmite hacia la corteza olfativa y amígdala, donde se procesará como olfato.

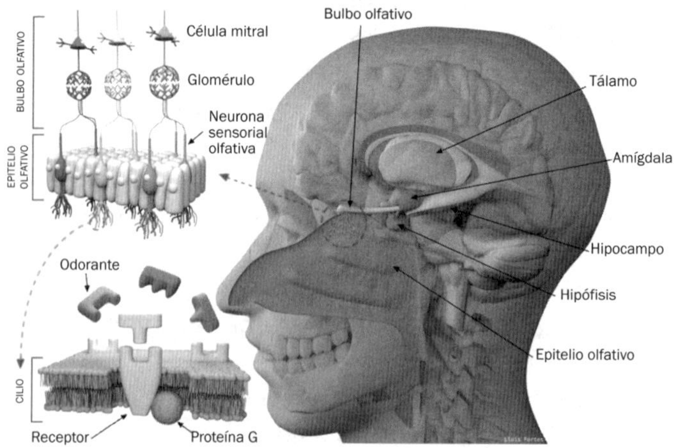

FUENTE: ELABORADA POR LLUÍS FORTES.

En la nariz se halla el área de recepción de estímulos químicos olorosos, el epitelio olfativo, un tejido delgado que recubre los huesos de la cavidad nasal. En este epitelio se sitúan millones de células con forma bipolar: las neuronas sensoriales olfativas. Cada una de estas neuronas dirige una prolongación dendrítica que termina en 20-30 cilios hacia la mucosa que recubre la parte superior de la cavidad nasal, lo que permite aumentar la superficie de contacto entre la neurona y el mundo exterior. En estos cilios es donde ocurre la interacción inicial entre el compuesto volátil y el sistema nervioso. Los receptores olfativos situados en estos cilios son proteínas plegadas, con una forma y tamaño específico, en los que encajan las moléculas de olor (como una llave en su cerradura) y es donde comienza el proceso real de transducción química. Estos receptores están acoplados a una proteína G (GPCR por sus siglas en inglés), por lo que cuando la molécula odorante encaja con el receptor, la proteína G se libera. Una vez que una molécula odorante se ha unido con su receptor específico, se inicia una cascada de eventos que transforma la energía química de la unión en una señal eléctrica (es decir, un cambio en el potencial de membrana de las neuronas sensoriales olfativas).

Los axones de las neuronas sensoriales forman un haz de fibras nerviosas (el nervio olfativo o primer par craneal) que transmite la información sobre el compuesto volátil hacia el sistema nervioso central, específicamente a los bulbos olfativos, situados justo debajo de la corteza frontal. El bulbo tiene una estructura de seis capas concéntricas con varios tipos de células. Los sitios de contacto (sinapsis) entre las neuronas sensoriales primarias y las de los bulbos olfativos se establecen en una serie de estructuras esféricas denominadas glomérulos. Las células sensoriales que tienen mismo tipo de receptor —y que, por lo tanto, percibirán al mismo tiempo un mismo compuesto volátil— envían sus señales al mismo glomérulo (hay unos dos mil glomérulos olfativos en el cerebro humano: más o menos dos por cada tipo de receptor). En el bulbo olfativo, la información es recibida principalmente por dos tipos de células llamadas células mitrales y empenachadas. Los axones de estas células se agrupan en un tracto que conduce la información a otras regiones del sistema nervioso, la corteza piriforme, la amígdala y la corteza entorrinal, donde es susceptible de un procesamiento más elaborado al conectarse con otras áreas cerebrales como el hipotálamo y el hipocampo. La amígdala es importante para conferir propiedades afectivas o aversivas a los olores, mientras que la corteza entorrinal parece contribuir a ciertos aspectos de nuestra memoria olfativa. De esta manera, los olores pasan directamente desde la nariz al sistema límbico, es decir, a la zona del cerebro donde se encuentran las emociones más primarias. El sistema olfativo es el único de los sentidos que, para su procesamiento, no pasa en primer lugar por el tálamo (importante estructura que se encuentra en el interior y en el centro del cerebro). La corteza olfativa conecta directamente con el hipotálamo, que es la estructura encargada de procesar la conducta maternal y sexual. Además, a diferencia de otros sistemas sensoriales, el sistema olfatorio procesa los olores en el mismo hemisferio por donde ha entrado el aroma.

Anatómicamente, en la mayoría de las especies se han desarrollado dos sistemas olfativos: el principal y el accesorio —también llamado vomeronasal—. El principal se encarga de funciones de búsqueda de alimentos, detección de depredadores o presas y demarcación del territorio, mientras el accesorio media comportamientos sociales y de apareamiento. El anatomista danés Ludwig Jacobson dibujó en 1813 la cabeza de un ciervo mostrando un pequeño órgano situado en el suelo de la cavidad nasal, en la actualidad llamado órgano de Jacobson o vomeronasal, formado por células bipolares. Jacobson lo catalogó como un órgano secretorio por la presencia de glándulas serosas, y en el siglo XX se corroboró que esta estructura estaba relacionada con la olfacción, dado que estaba conectada con el bulbo olfativo accesorio.

En las décadas de 1950 y 1960 se comprobó que determinadas sustancias presentes en la orina del ratón modificaban el comportamiento sexual de esos animales. Aproximadamente por la misma época se aceptó el término de *feromonas*, propuesto por Karlson y Lüscher en 1959, para definir una clase de sustancias biológicamente activas emitidas por los insectos que se suponía jugaban un papel destacado en la comunicación entre distintas especies, y con una función específica: la de detectar feromonas emitidas por otros individuos de la misma especie. Sin embargo, hasta la década de los setenta no se describió la conexión del sistema olfativo accesorio con la amígdala, momento en el cual se empezó a asumir que existían dos sistemas diferentes para identificar señales químicas olfativas: el principal y el accesorio o vomeronasal. Hoy día se sabe que el sistema vomeronasal conecta con el hipotálamo y con el sistema límbico, estructuras responsables del comportamiento de reconocimiento materno y reproductivo. Este sistema no está presente en humanos, aunque se han descrito feromonas que activan las neuronas en el sistema olfativo principal, así como algunos odorantes (volátiles) que activan el sistema olfativo accesorio.

¿Cómo sabe el cerebro lo que la nariz huele?

Cuando olemos, las moléculas emitidas por una determinada sustancia viajan por el aire y llegan a las sensoriales olfativas, situadas en la parte superior de la nariz, que son las responsables de reconocer el olor y hacer una conexión directa entre el mundo exterior y el cerebro. El hecho de percibir sustancias químicas como olores era un misterio que no se entendió hasta hace relativamente poco. La clonación de los llamados "receptores olfativos" ha sido crucial para contestar muchas preguntas básicas acerca de cómo el cerebro distingue entre los olores.

En 2004 se otorgó el Premio Nobel de Fisiología o Medicina a Richard Axel y Linda Buck por el descubrimiento de los genes que codifican proteínas receptoras olfatorias, lo que ha hecho posible trazar un mapa de la ruta que sigue la información transmitida por cada receptor hacia el cerebro y entender la lógica molecular del olfato. De hecho, para que se produzca la percepción sensorial de un compuesto volátil se requiere que este interaccione con un receptor específico presente en las neuronas olfativas. En 1991, estos investigadores identificaron y clonaron en ratas una gran familia de receptores situados en la nariz, con más de mil genes diferentes implicados en su producción. Esto suponía, en la rata, que los genes involucrados en la olfacción representaban el 5% del total del genoma. En efecto, esta es la familia más grande de genes encontrada en el genoma de mamíferos, entre 250 y 1.250 genes. En humanos existen unos 400 que codifican para los receptores de olor, lo que implicaría entre el 2 y el 3% del total de los genes. Esto quiere decir que aproximadamente 1 de cada 20-30 genes en el genoma humano se dedica al olfato.

Las proteínas receptoras pertenecen a la familia de las proteínas G, que residen en la membrana celular y la cruzan un total de siete veces como si se tratara de una serpiente. En otras palabras, estas proteínas tienen siete dominios transmembrana y son responsables de iniciar la cascada bioquímica que activa las neuronas del olfato. Esta proteína G estimula la formación de AMP cíclico, molécula que funciona como mensajera para desencadenar una serie de reacciones que contribuyen a amplificar la señal. A diferencia del sistema visual, que puede distinguir miles de colores recurriendo solamente a tres tipos de receptores que responden a la luz, el número de receptores olfativos es comparativamente enorme. En la visión, las distintas longitudes de onda provocan que las tres clases de receptores reaccionen con una intensidad diferente, y es entonces cuando el cerebro compara las señales de estos receptores para determinar un color. Pero el sentido del olfato usa una estrategia diferente para percibir los olores al tratar con la amplia variedad de moléculas que los producen y teniendo en cuenta que pequeñas variaciones moleculares dan lugar a importantes cambios sensoriales. Por ejemplo, un olor determinado activará un conjunto de receptores en la nariz, creando una señal que será procesada por el encéfalo; si hubiese una diferencia puntual en un gen que diese como resultado el cambio de un aminoácido en la proteína receptora que codifica, podría determinar que una persona encuentre agradable un olor que en cambio resulta repulsivo para otra que posee ese aminoácido diferente en el mismo gen.

Además, estos receptores no actúan del mismo modo para todas las personas. Así, cuando se comparan los receptores olfativos entre distintos individuos, se observa una diferencia de aproximadamente el 30%. Por tanto, es muy difícil que dos personas puedan detectar los olores de forma idéntica.

Aunque en investigaciones anteriores ya se identificaron los genes que codifican los receptores de olor, el modo en que esos receptores se activan ha sido un verdadero enigma. La mayoría de los olores se componen de numerosas moléculas olorosas y cada una de ellas activa un grupo de receptores olfativos. El hecho de que cada receptor olfativo sea específico para cada molécula olorosa fue un hecho inesperado. Cada célula receptora individual expresa una o muy pocas de estas proteínas, lo que les confiere una gran especificidad. Para determinar qué activa los receptores, se han clonado más de quinientos receptores en un grupo de personas expuestas sistemáticamente a sustancias aromáticas capaces de suscitar una respuesta. Mientras que un único receptor puede reconocer varios olores, un determinado olor puede ser reconocido por varios receptores. Linda Buck decía que existe un abecedario de receptores que crean una respuesta olfativa específica en el cerebro: "Cada receptor es utilizado una y otra vez para definir un olor, igual que las letras son utilizadas una y otra vez para definir distintas palabras". Hasta hace poco, se decía que los humanos éramos capaces de detectar diez mil olores distintos, pero recientemente se ha publicado que, como mínimo, el olfato humano distingue un billón de olores, aunque esto varía de persona a persona y, además, está condicionado por aspectos culturales o emocionales.

En la percepción de olores, tenemos que considerar varios aspectos, entre los que destaca la relación entre su concentración y la intensidad percibida. El umbral de detección del olor, es decir, la concentración mínima en que se percibe un estímulo olfativo, varía de un aroma a otro. Pueden existir compuestos que, aunque se encuentren en altas concentraciones, no se detectan por el olfato humano, y viceversa, sustancias que están en una concentración infinitesimal se identifican con claridad. Para que un determinado olor sea perceptible por nuestra nariz, las moléculas (odorantes) tienen que viajar por el aire (ser volátiles), y cuanto menor sea el tamaño de las moléculas (de bajo peso molecular, por debajo de 300 Da) mayor distancia van a alcanzar.

Los olores parecidos poseen estructuras geométricas similares, y un ligero cambio, como puede ser la pérdida de un carbono, provoca una gran diferencia de olor. Por ejemplo, el agua, H_2O, es una molécula inodora, pero si sustituimos el átomo de oxígeno por uno de azufre, H_2S, la molécula pasa a ser sulfuro de hidrógeno, que huele a huevos podridos y es un indicador de que alguna sustancia orgánica está sufriendo una descomposición anaeróbica. Asimismo, los mercaptanos o tioles son compuestos orgánicos que tienen azufre y que producen sustancias con olores desagradables y hasta insoportables, aunque, en algunas ocasiones, pueden ser sustancias aromáticas que recuerdan a algunos frutos cítricos.

Los humanos somos capaces de detectar una concentración infinitesimal de etilmercaptano, compuesto sulfurado con un olor fuerte a carne podrida que se suele añadir al gas para identificar su presencia, dado que el gas es inodoro. Podemos llegar a detectar una concentración tan pequeña como la 400 millonésima parte de un miligramo por cada litro de aire, lo que equivale a tres gotas de dicha sustancia en una piscina olímpica. Así, las percepciones olfativas no son fáciles de describir ni clasificar y, de hecho, cuando se habla de olores, a veces se tiende a usar indistintamente las palabras *olor* y *aroma*, pero en el diccionario de la Real Academia Española distinguen claramente entre *olor* (para efluvios en general) y *aroma* (solo olores agradables).

A lo largo de la historia, los olores se han catalogado de distintas maneras, empezando por Platón, que ya distinguía entre olores agradables y desagradables, hasta el naturalista

Carl Von Linneo, que en 1765 estableció la existencia de siete tipos de olores. La clasificación de Linneo se basó en que los olores de ciertas plantas nos evocan determinados olores corporales y recuerdos: olorosas o perfumadas, aromáticas, fuertes o con olor a ajo, olor a ambrosia o almizcle, pestilentes o con olor a cabra o sudor, repugnantes y nauseabundas. En 1895, Zwaardemaker agregó a esta clasificación otros dos olores, etéreo y quemado, y en el siglo XX, en 1916, Hans Henning presentó un diagrama espacial en forma de prisma donde colocaba los seis olores básicos o primarios en los vértices (floral-especioso, podrido-quemado y frutal-resinoso) y los olores intermedios en las aristas y caras del prisma. Más tarde, a mediados del siglo XX, John Amoore planteó que en la naturaleza existen siete olores primarios basados en el tamaño y la forma molecular: alcanfor, almizcle, menta, flores, éter, picante y podrido, pero tampoco se ha aceptado universalmente. Posteriormente, se han hecho otras clasificaciones, hasta que, recientemente, mediante un método matemático y, tras analizar 144 olores, las percepciones olfativas se han clasificado en diez categorías: fragante/floral, leñoso/resinosa, frutal no cítrico, químico, mentolado/refrescante, dulce, quemado/ahumado, cítrico, podrido y acre/rancio. Sin embargo, probablemente ninguna de estas clasificaciones representa las sensaciones primarias verdaderas del olfato, dado que los aromas son el resultado de la mezcla de olores primarios formados por distintos compuestos químicos que contienen carbono, hidrógeno y, opcionalmente, oxígeno, azufre y nitrógeno, y, además, cada estructura molecular confina un olor propio.

La orientación de las moléculas también afecta a su olor, y resulta curioso el caso de las moléculas espejo, donde una es la imagen especular de la otra. Son las llamadas moléculas quirales (del griego *cheir*, que significa mano) o enantiómeros, que no tienen eje de simetría, como ocurre con las manos, y que las podemos enfrentar, pero no superponer. La nariz percibe esta diferencia, que se refleja en el olor, de forma que la carvona, un terpeno que se encuentra en muchos aceites esenciales, puede oler a comino o a menta dependiendo de su configuración L o R (izquierda o derecha); o el limoneno, un terpeno que en su forma izquierda huele a naranja y en su forma derecha a limón. Entre las moléculas quirales más conocidas está la talidomida, un medicamento usado en los años sesenta para tratar los vómitos de las mujeres embarazadas. Mientras que la D-talidomida hacía desaparecer las náuseas y vómitos, desgraciadamente, el isómero L-talidomida fue un potente teratógeno que afectó el desarrollo del feto, dando lugar a niños con malformaciones en forma de acortamiento o incluso carencia de manos y pies. Por otro lado, hay que destacar otro fármaco quiral, el enantiómero L de la 3,4-dihidroxifenilalanina, conocido como levodopa, que es en la actualidad el más eficaz contra el tratamiento de la enfermedad de Parkinson, pues estimula el aumento de la producción de dopamina.

El filósofo Immanuel Kant afirmaba que "el olfato es como un gusto a distancia" y, efectivamente, la nariz es sensible tanto a los olores que inhala como a los que proceden de la boca. La mayor parte de lo que llamamos sabor tiene que ver, en realidad, no con el gusto, sino con el olfato. Por esta causa, los sabores parecen desvanecerse cuando estamos resfriados. Juntos, el olfato y el gusto constituyen los denominados sentidos químicos, ya que resultan de la interacción directa de ciertos compuestos químicos con nuestros sistemas de detección externos: el epitelio olfatorio, localizado en la parte superior interna de la nariz, y las papilas gustativas, situadas en la lengua. El olor llega al cerebro por dos vías: una directa u ortonasal y la otra indirecta o retronasal. La ortonasal se da cuando inhalamos directamente a través de la nariz. Por otro lado, al masticar o tragar el alimento se liberan moléculas que alcanzan la cavidad nasal desde la boca (vía retronasal), es decir, exhalando desde la boca. Por su parte, el olfato retronasal constituye un componente importante para detectar olores provenientes de la boca y faringe, y explica por qué muchos pacientes confunden la pérdida del olfato con trastornos gustativos.

FIGURA 2

Esquema mostrando el limoneno como un ejemplo de molécula quiral. Igual que nuestras manos, son imágenes espejo. Aunque presentan los mismos elementos, la orientación de las moléculas afecta a su olor: en su forma izquierda huele a naranja y en su forma derecha, a limón.

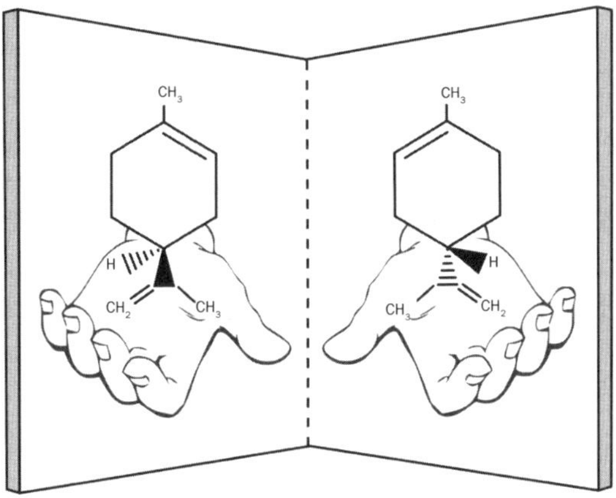

FUENTE: ELABORADA POR LLUÍS FORTES.

Como resultado de la masticación y la deglución, los vapores de las sustancias ingeridas son bombeados en la boca por movimientos de la lengua, la mandíbula y la garganta hacia la cavidad nasal, donde se produce la llamada percepción olfativa retronasal. De esta manera, gran parte de las sensaciones percibidas en alimentos y bebidas se deben al olfato. En realidad, es durante la exhalación desde la boca cuando realmente se produce la mayor contribución del olfato para dar sabor, mientras que el olor se produce durante la fase de inhalación. A este respecto, el sentido del olfato es el único sistema que posee una modalidad "dual", es decir, detecta los estímulos provenientes del mundo exterior a través de la boca. Finalmente, alimentos considerados como irritantes pueden ser percibidos como olores/sabores a través del sistema quimiosensitivo trigeminal, con receptores localizados en la cavidad nasal y la boca.

Resumiendo, los receptores del olfato, el gusto y el nervio trigémino contribuyen al sabor, el cual se ve definido por la suma de tres sensaciones: olfativas, gustativas y trigeminales. Las olfativas se perciben por la nariz desde concentraciones muy bajas y son las más variadas y complejas. Las gustativas lo hacen gracias a los receptores de la lengua y el paladar, localizados en las aproximadamente 5.000-10.000 papilas gustativas, que conducen la información de la composición química de los alimentos hacia una parte del cerebro especializada en interpretar estos mensajes de acuerdo a las cinco cualidades gustativas básicas que conocemos: salado, dulce, amargo, ácido y el umami, descubierto en 1909 por el japonés Kikunae Ikeda. La palabra *umami* proviene de la palabra japonesa que significa "buen sabor" o "delicioso", debido a la presencia de L-glutamato, aminoácido presente en muchos alimentos y en particular en el glutamato monosódico. Este sabor es característico de las cocinas japonesas, chinas y también en la peruana, donde se conoce como ajinomoto, una marca antigua de glutamato. Indica la presencia de proteínas y evoca la sensación de que algo está sabroso, siendo característico de la salsa de soja. En la actualidad, se investiga sobre un nuevo receptor en las papilas gustativas de la lengua que parece detectar el sabor a grasa, por lo que se ha empezado a hablar de un "sexto sabor".

Cada uno de estos sabores básicos puede asociarse a una o varias sustancias químicas que se caracterizan por tener fórmulas y propiedades específicas que permiten su reconocimiento. Por ejemplo, los ácidos, el zumo de limón o el vinagre, liberan iones (H^+) y, por lo tanto, presentan sabor ácido, mientras que la sal de cocina libera iones sodio (Na^+) y cloruro (Cl^-) y da lugar al sabor salado. Asimismo les sucede a las moléculas de glucosa o azúcar con el dulce, a las del café o el bíter con el amargo y al glutamato sódico con el umami. Finalmente, las sensaciones trigeminales se perciben en las terminaciones del nervio trigémino de la nariz y la boca a través de bebidas y alimentos que producen una sensación de irritación (picor, astringencia, frío...). Por tanto, cuando hablamos de percepción del sabor, nos referimos a una respuesta conjunta de señales que provienen del olfato, del gusto y del trigémino, combinadas con otras características físicas como la textura, la temperatura y la presión.

En cambio, para la percepción del olor carecemos de un receptor específico para cada aroma. Según Richard Axel, el cerebro interpreta el olor de la siguiente forma: "El cerebro dice esencialmente algo así como: estoy detectando actividad en las posiciones 1, 15 y 54 del bulbo olfativo, que corresponden a los receptores odoríferos 1, 15 y 54; por lo tanto, el olor percibido debe ser el del jazmín". Es decir, el olor a jazmín es identificado por nuestro cerebro por una combinación de distintas moléculas que dan ese aroma determinado. Cada aroma pone en marcha una señal que viaja a lo largo del nervio olfativo, desde los receptores localizados en las neuronas sensoriales olfativas hasta el bulbo olfatorio. Las moléculas odorantes llegan a la cavidad nasal y, tras penetrar en ella, se adhieren al epitelio olfativo, localizado en la mucosa olfatoria, un epitelio formado por varias capas de células y situado en la parte alta de nuestra cavidad nasal que ocupa una superficie de 200 a 300 mm^2 en cada fosa nasal. Nuestra nariz conserva aproximadamente 400 tipos de receptores olfativos diferentes, mientras que los animales con un sentido del olfato muy desarrollado, denominados macrosmáticos, pueden tener más de mil. En cualquier caso, ya que los distintos olores se forman por combinación de la información que viene de estos elementos, el número de combinaciones de los mismos y por tanto de olores distintos que se pueden detectar es prácticamente infinito.

Tenemos de cinco a seis millones de neuronas sensoriales olfativas en el epitelio olfativo de cada fosa que son reemplazadas cada 40-60 días por neuronas nuevas. Por tanto, la capacidad para recordar olores es sorprendente si se tiene en cuenta que estas neuronas tienen una vida media de 60 días y, tras su muerte, son reemplazadas por otras células nerviosas que deben establecer de nuevo las sinapsis correctas. Linda Buck se preguntaba: "¿Cómo logramos recordar los olores si las neuronas olfativas en el epitelio solo sobreviven cerca de 60 días, tras lo cual son sustituidas por células nuevas que tienen que formar nuevas sinapsis? Ahora sabemos la respuesta: las memorias sobreviven porque los axones de las neuronas que expresan el mismo receptor siempre van al mismo lugar". La mayor parte de las neuronas (excepto determinadas poblaciones en el hipocampo y bulbo olfativo) no son sustituidas cuando mueren.

Además de este recambio neuronal del epitelio olfativo, Joseph Altman describió en 1965 la presencia de células con capacidad proliferativa en el cerebro adulto, proceso actualmente conocido como neurogénesis adulta. Concretamente, existen dos regiones neurogénicas del sistema nervioso central donde se incorporan nuevas neuronas en edades adultas: el bulbo olfativo, donde este proceso es más destacado y activo, y el hipocampo, donde se produce en menor medida. Las nuevas neuronas tienen que integrarse y establecer los contactos adecuados en un cerebro ya formado. Es interesante destacar que, en el transcurso de la evolución, la tasa de neurogénesis en el cerebro adulto ha disminuido a la vez que se ha incrementado la complejidad cerebral. De hecho, los peces y anfibios pueden regenerar áreas amplias del cerebro o tejidos, mientras que en aves y mamíferos esta regeneración está limitada al hipocampo y al bulbo olfativo.

Aunque pensemos que el olfato es el sentido más fácilmente prescindible para cualquiera de nosotros, evolutivamente es el más antiguo y más conservado, dado que los olores siempre han sido esenciales y se han utilizado para encontrar comida, reproducirse (comportamiento sexual), detectar presas, huir de depredadores y marcar territorio. En estudios neuroanatómicos clásicos, a las estructuras del cerebro relacionadas con el olfato se las agrupó bajo el nombre de rinencéfalo o "cerebro olfativo". Podríamos decir que el olfato fue el primero de nuestros sentidos y que con el tiempo se desarrolló hasta convertirse en el cerebro. Es una herencia de cuando vivíamos en los mares; de hecho, un olor debe disolverse en una solución acuosa para que nuestras células receptoras del epitelio olfativo puedan absorber ese aroma.

Existen organismos tan simples como ciertas bacterias que poseen un flagelo con receptores químicos que son capaces de detectar sustancias químicas en su entorno, lo que desencadena respuestas reflejas como alejarse o aproximarse hacia medios más enriquecidos en alimento, como si "sintieran" el olor de la comida. Esta quimiotaxis se ha transformado en un complicado sistema compuesto por distintos elementos y estructuras altamente especializadas, y, a su vez, muy conservado a través de las especies. De un modo general, todos los animales presentan quimiorreceptores sensibles a estímulos de naturaleza química que se encuentran en el medio. Estos son, en realidad, neuronas que pueden tener una localización más o menos dispersa en el animal o encontrarse agrupadas con una localización específica, formando un órgano sensitivo/sensorial.

En el mar, muchas formas de vida deben esperar a que la comida venga a rozarlas o a que puedan alcanzarla con sus tentáculos. El pez celacanto, que se creía extinguido hace ochenta millones de años, muestra uno de los estadios evolutivos iniciales del paso de los peces a animales terrestres de cuatro patas, como los anfibios. Recientemente, científicos pertenecientes a cuarenta instituciones de doce países decodificaron el ADN del celacanto y descubrieron evidencias de la existencia de genes relacionados con el olfato implicados en cambios que podrían haber facilitado el paso de un hábitat acuoso, como es el mar, al hábitat terrestre. Esto es importante dado que, al cambiar el ambiente, se necesitaban nuevas formas de detectar sustancias químicas a su alrededor.

El sistema evolucionó muy rápidamente en los primeros organismos, por lo que no se requirió de demasiado perfeccionamiento con el paso del tiempo. Nuestros hemisferios cerebrales fueron al principio una especie de hojas añadidas al tallo olfatorio. Pensamos porque olemos, dicen algunos científicos: "Unos sentidos del olfato y del tacto más precisos podrían haber sido cruciales para que los mamíferos sobrevivieran y prosperaran durante la etapa más temprana de nuestra historia de la evolución". La forma del cráneo del dinosaurio *Tyrannosaurus rex* indica que tenía un área amplia del cerebro dedicada al olfato. Aunque los bulbos olfativos son un 12% mayor en nuestra especie (*Homo sapiens*) que en otras especies de homínidos como *Homo neanderthalensis*, *Homo ergaster*, *Homo erectus* y los homininos del Pleistoceno medio, se puede asegurar que, a lo largo de la evolución, nuestro olfato ha ido perdiendo funciones que ha sustituido por otros sentidos, por lo que ha dejado de ser imprescindible para nuestra supervivencia.

En la actualidad no percibimos el mundo aromático como lo hicieron nuestros ancestros. En las primeras épocas de nuestra evolución no viajábamos por placer; los grandes desplazamientos generalmente iban asociados a la búsqueda de comida. Con el paso del tiempo, las distintas especies han ido evolucionando y adaptándose a sus hábitats, de tal modo que los primates, por ejemplo, han reducido sus estructuras olfativas, en beneficio de otras, como las visuales. Así, el desplazamiento de los ojos desde una posición lateral a otra frontal y la reducción del tamaño de la nariz han llevado aparejada una disminución en el tamaño de los bulbos olfativos. En el transcurso del tiempo, las especies que dependían en menor medida del olfato acumularon mutaciones y perdieron la función de ciertos genes. En humanos y chimpancés, de los aproximadamente 800 genes implicados inicialmente en la olfacción, menos de la mitad son funcionales, y los que perdieron su función original son los denominados pseudogenes. Se ha visto que los ratones tienen el triple de genes activos, alrededor de 1.200, además de casi 400 pseudogenes que dejaron de funcionar a lo largo de los siglos.

En el transcurso de la evolución, el sistema olfativo no muestra demasiados cambios, aunque existen diferencias muy grandes en el tamaño de las estructuras olfatorias y en la capacidad para detectar olores entre las especies. En cuanto a la organización, desde los insectos hasta los mamíferos, se observa una convergencia evolutiva en los mecanismos neuronales encargados de detectar y discriminar estímulos olfativos. Así, los insectos tienen pelos sensoriales o sensilias en las antenas, donde se sitúan las células sensoriales químicas. Con sus pequeñas diferencias, estas equivalen a los receptores olfatorios de los vertebrados. Las moscas de la fruta, *Drosophila melanogaster*, tienen un sentido del olfato muy sensible y son capaces de identificar diversos olores en el aire. Según Richard Axel, los estudios en la mosca del vinagre llevan a una mayor comprensión de la percepción olfativa y gustativa. "Hay una conservación notable entre la lógica olfativa de insectos y mamíferos, tanto que creemos que los principios básicos de discriminación olfativa se han conservado durante más de 500 millones de años... Esto implica que los insectos desarrollaron una solución eficaz para el problema del reconocimiento de un olor en medio de un conjunto de decenas de miles de olores distintos y que esta solución se ha mantenido a lo largo de la evolución".

En los peces, el sentido del olfato está muy desarrollado; los orificios nasales tienen una función completamente olfativa, pues no intervienen en la respiración. Las células olfatorias de los peces son muy sensibles a las sustancias disueltas en el agua, lo que les permite detectar alimentos a grandes distancias. Por otro lado, si analizamos la transición evolutiva desde los dinosaurios a las aves, podemos decir que el sentido del olfato disminuyó, favoreciendo la vista y el equilibrio necesarios para el vuelo (los patos tienen bulbos olfativos relativamente grandes, mientras que pinzones, loros o cuervos los tienen más pequeños).

Generar emociones y recuerdos

> Cuando ya nada queda del pasado, después de que las personas han muerto, luego de que las cosas se han roto y desparramado, su perfume y su sabor permanecen en equilibrio mucho tiempo, como almas resistiendo tenazmente, en pequeñas y casi impalpables gotas de su esencia, el inmenso edificio de la memoria.
>
> Marcel Proust, *En busca del tiempo perdido*

El olfato es el camino más corto a las emociones, pues evoca recuerdos y tiempos pasados. Proust decía, en *En busca del tiempo perdido*, que "el olor, en el aire frío, de las ramas de leña, era como un fragmento del pasado". Es el sentido más emocional, ya que los recuerdos de aromas y olores son mucho más intensos y duraderos que las imágenes o los sonidos, "el vínculo entre los olores y la memoria es más que un vínculo entre el presente y el pasado" (Vroon, 1994).

La célula olfativa, situada en la nariz, reconoce el olor y hace una conexión directa entre el mundo exterior y el cerebro, grabando esos aromas en nuestra memoria; al percibirlos de nuevo, nos evocan imágenes, sensaciones o recuerdos agradables o desagradables con una importante carga emocional, incluso aquellos que creíamos olvidados. Y esto se debe a que el olfato, nuestro sistema sensorial más primitivo, forma parte del llamado sistema límbico, el centro de las emociones del cerebro, también denominado cerebro emocional, formado por varias estructuras encefálicas que gestionan respuestas fisiológicas ante estímulos emocionales. Se podría decir que es el responsable del componente "afectivo" del olfato y está relacionado con respuestas instintivas.

La información olfativa se procesa en la corteza olfatoria primaria, que tiene una conexión directa con la amígdala y el hipocampo. La amígdala está relacionada con la memoria emocional, mientras que el hipocampo se encarga de la memoria y el aprendizaje, por lo que ambos tienen un potencial enorme para evocar recuerdos. Cuando un aroma llega al cerebro, la amígdala conecta ese aroma con una emoción y el hipocampo relaciona ese olor con un recuerdo en la memoria. Una vez procesada la información, la amígdala la envía a otras áreas del cerebro: al hipotálamo, relacionado con el procesamiento hormonal, y a la corteza frontal, que en humanos está considerada como el área secundaria del procesamiento olfativo. Los recuerdos asociados a olores no lo son tanto a hechos o acontecimientos, sino a las emociones que estos olores pudieron haber provocado. Determinados olores pueden cambiar nuestro humor, despertar emociones o evocar recuerdos, por lo que el olfato tiene unas implicaciones sociales y emocionales muy importantes. Podríamos decir que el olfato influye de una manera subliminal en la fisiología y conducta humanas, incluso con estímulos olfatorios tan débiles que no percibimos de forma consciente. De hecho, estímulos olfatorios subliminales pueden llegar a afectar el estado de ánimo, provocando ansiedad, tristeza o alegría.

CAPÍTULO 2

Olfato y aromas

La química del olfato

El funcionamiento del sistema olfatorio se conoce solo parcialmente. El filósofo romano Lucrecio, del siglo I antes de nuestra era, ya planteó que el olor era algo que entraba por nuestras narices, que tenía distintas formas y tamaños —ahora serían las diversas moléculas odorantes— y que era registrado como un aroma específico por el órgano olfatorio. Con cada inhalación de la respiración, un soplo nuevo de aire entra en la nariz y llega hasta los receptores olfatorios, que están recubiertos de un mucus donde se disuelven las moléculas volátiles que estaban suspendidas en el aire y que interaccionan con las moléculas receptoras que están en la parte apical de la neurona olfatoria, en su extremo abierto al medio externo. Las sustancias que no produzcan gases o vapores, como las sales iónicas, no tendrán olor. El sentido olfatorio tiene unas propiedades únicas:

- Es muy precoz, pues los primeros vestigios del sistema olfatorio se distinguen mucho antes que otros sentidos.

- Es muy plástico y las neuronas sensoriales olfatorias se renuevan constantemente durante toda la vida, siendo la única población neuronal donde eso sucede. Esta plasticidad y la formación de nuevas neuronas afectan también al sistema nervioso central olfatorio. La zona subventricular, localizada en la pared lateral de los ventrículos laterales, produce de diez mil a treinta mil nuevas neuronas cada día, que se incorporan a los circuitos sinápticos del sistema olfatorio.
- La mucosa olfatoria está muy expuesta, pues las neuronas están directamente abiertas al medio externo, lo que en teoría las hace una diana fácil para virus, bacterias y hongos que llegan suspendidos en el aire. Para algunas enfermedades neurodegenerativas, como la de Alzheimer, se ha llegado a plantear que el problema estaría causado por una infección que alcanzaría el encéfalo entrando por la ruta olfatoria.

Un problema recurrente al estudiar el olfato es la dificultad para describir un aroma con palabras. Incluso en olores que conocemos, de productos, seres u objetos que usamos habitualmente fallamos la mitad de las veces a la hora de identificarlos. Se piensa que puede estar relacionado con la peculiar ruta que recorren las señales olfatorias, que no pasan por la zona cerebral encargada del lenguaje.

Los olores se han clasificado de distintas maneras en función de su uso o aplicación. En la industria alimentaria, los colores de los compuestos químicos se ordenan según el material comestible al que recuerdan. Así, se habla de olores a caramelo, vainilla, miel, cítricos o mantequilla, entre otros. En la industria perfumera se agrupan en florales, herbales, a madera, a almizcle, etc. Esta clasificación ha avanzado utilizando una característica llamativa: que hay personas que no pueden detectar el olor de una sustancia particular o de un grupo de sustancias, es decir, que son anósmicos, pero solo parcialmente. Sería comparable a las personas que tienen ceguera al color o daltonismo, donde hay distintos tipos según la disfunción que tienen con los colores.

El estudio de la estructura química de las moléculas en cada uno de los grupos de aromas muestra algunas similitudes. Por ejemplo, las sustancias que tienen un olor a pescado son generalmente aminas como la dimetilamina y la dietilamina. Muchas de las moléculas con olores mentolados muestran también una similitud en su estructura química, como el anetol, el cinamaldehído, el benzaldehído o el metil salicilato, donde todos tienen un núcleo aromático y una cadena lateral con dobles enlaces y 1, 2 o 3 átomos de carbono. Sin embargo, también se ha visto que moléculas enormemente similares pueden tener olores bastantes diferentes.

La genética de las personas también influye en el olfato y, aunque los genes de los receptores olfatorios forman una de las familias de genes más grandes del genoma humano, solo un puñado ha sido relacionado de forma concluyente con olores determinados. Por ejemplo, el receptor olfatorio OR5A1 es responsable, según sus alelos, de poder distinguir o no la ß-ionona, un aroma clave en muchos alimentos y bebidas. Del mismo modo, el receptor olfatorio OR2J3 está asociado con la habilidad para detectar un olor a hierba, el del cis-3-hexen-1-ol. El que nos guste o disguste el cilantro se supone que depende de nuestras variantes alélicas del receptor OR6A2.

Algunas características estructurales de una molécula pueden estar asociadas con un tipo particular de olor, aunque ese olor puede que no sea uno de los primarios. Un buen ejemplo es el grupo mercapto-S-H. La mayoría de los materiales volátiles que contiene este grupo tienen un fuerte olor, a menudo desagradable. La molécula más simple con ese grupo es H-S-H, el sulfuro de hidrógeno, que produce el característico olor a huevos podridos. El alil mercaptano H2C=CH-CH_2-S-H produce olor a ajo, mientras que otros dos, el butil mercaptano $(H_3C)_3$C-S-H y el dimetil sulfuro

CH_3-S-CH_3. En algunos países, las compañías de gas distribuyen entre sus clientes unas tarjetas de "rasca y huele" para que distingan este peculiar olor. Se dice que una vez experimentado, nunca lo olvidan. Un detalle de la potencia de estos olores es que bastan 2,5 gramos de la molécula original para fabricar un millón de estas tarjetas.

Interacción entre odorante y receptor

El estudio del olfato analiza la capacidad sensorial en humanos u otros grupos de vertebrados. Las pruebas incluyen los niveles umbral absolutos para una sustancia (la mínima concentración a la que puede ser percibido), los umbrales diferenciales (la mínima diferencia de concentración de una sustancia química que puede notarse) y varios índices que valoran la magnitud de las sensaciones por encima del umbral.

El modo de interacción entre las moléculas odorantes y las moléculas receptoras es uno de los temas más interesantes. Hay quien ha propuesto que unas y otras se reconocen porque vibran a frecuencias similares, aunque es una teoría aún en discusión: cuando las moléculas odorantes se acercan a las olfatorias, los odorantes estimularían la vibración de los receptores a una frecuencia determinada generando una respuesta, que es lo que se transmitiría al cerebro. Un resultado experimental a favor de esta teoría es que si se cambia un número significativo de átomos de hidrógeno por el isótopo deuterio, la mayoría de las personas son capaces de distinguir la diferencia, indicando que nuestro olfato es capaz de diferenciar entre isótopos, es decir, entre átomos que difieren en el número de neutrones. Es llamativo porque ese cambio apenas altera la forma y el tamaño de la molécula, pero cambia sustancialmente sus frecuencias de vibración.

Un estudio previo realizado en 2004 por Leslie Vosshall y Andreas Keller no encontró diferencias entre una forma con deuterio y otra sin él de la acetofenona, una molécula que tiene un olor dulce y afrutado. Sin embargo, Luca Turin encontró que las moscas respondían de forma diferente a ambos compuestos. La acetofenona tiene solo ocho hidrógenos, por lo que las posibilidades de modificación son menores, así que Turin hizo un nuevo experimento con distintos odorantes a almizcle, como la ciclopentadecanona, que tiene 28 átomos de hidrógeno, observando que las diferencias en olor eran distinguibles por los humanos cuando alrededor de la mitad de los átomos de hidrógeno-1 eran sustituidos por deuterio y los participantes reconocían que esa muestra, en comparación con la original, tenía un olor "quemado" o "tostado".

Otra teoría sugiere que las moléculas odorantes penetran la membrana de las células olfatorias alterando el balance electrolítico entre el exterior y el interior de la célula y generando un pulso eléctrico. Sin embargo, la más aceptada —probablemente por su semejanza con otros procesos fisiológicos— es que hay un mecanismo de reconocimiento específico basado en la forma, el tamaño y la disposición electrónica de la molécula odorante que encajaría en un modelo llave-cerradura con un encaje geométrico específico en la molécula receptora. Esta teoría del funcionamiento del olfato y la variedad de los olores, inicialmente postulada por J. E. Amoore, es conocida como la teoría estereoquímica. Según esta hipótesis, las moléculas tendrían estructuras tridimensionales determinadas que encajarían en receptores específicos y eso generaría impulsos nerviosos al cerebro, lo que posibilitaría la identificación de la información sensorial.

Otro aspecto aún sujeto a investigación es dónde se produce el reconocimiento de un aroma, es decir, si la respuesta sucede en lugares específicos del epitelio olfatorio para ciertas combinaciones de forma y tamaño o si se trata de un mecanismo generalizado. Sin embargo, se sabe que las células olfatorias no son específicas para un olor primario, al contrario que los fotorreceptores de la retina, que sí responden a los colores primarios. Una única célula olfatoria responde a moléculas de varias categorías primarias de olores diferentes. Además, moléculas con formas muy diferentes generan olores muy similares, mientras que, como hemos visto, moléculas casi idénticas tienen olores distintos. Por ejemplo, tanto el benzaldehído como el cianuro de hidrógeno huelen los dos a almendras amargas, mientras que, reemplazando un átomo de carbono por uno de sílice en el 1,1, dimetilciclohexano, su olor se transforma de una forma claramente perceptible.

La variedad de sustancias odorantes es algo bien conocido en la industria perfumera. Se calcula que hay más de mil colonias y perfumes en el mercado en estos momentos y cada año se ofertan unos doscientos nuevos, la mayoría de vida efímera. Cada colonia o perfume tiene de 50 a 250 ingredientes, y son los maestros de la industria perfumera, los llamados "narices", los únicos capaces de distinguir cada uno de ellos. Los perfumes modernos han ido derivando unos de otros, en un proceso evolutivo —¡aunque la selección aquí sería artificial!—, y cambian también en función de las modas.

Además del perfume, otro ámbito que ha hecho avanzar nuestro conocimiento del olfato y los tipos de olores es el del vino. La diferencia entre un buen vino, un mal vino y un vino excepcional no está en su sabor, sino en su aroma. Hablaremos de ello más adelante.

Aromas corporales

Durante mucho tiempo se pensó que la enfermedad surgía del aire de mal olor, de los miasmas, algo que nacía de la tierra en podredumbre y el agua estancada. En *Hamlet*, Shakespeare escribió: "Ya es la hora bruja de la noche; / Bosteza el cementerio y con su aliento el infierno / Contagia al mundo".

La escasa salubridad de las calles, el consumo de alimentos, el agua en mal estado, el olor nauseabundo de las heridas infectadas eran argumentos suficientes para esa relación entre mal olor y enfermedad. Y, al mismo tiempo, durante siglos se creyó que los buenos olores podían proteger de la enfermedad y la muerte. Eso llevó al uso de saquitos perfumados cosidos a la ropa o colgados del cuello y a fumigar las casas con incienso, azufre o pólvora. Como es lógico, en tiempo de epidemias estos remedios eran mucho más buscados y su precio se multiplicaba. Un escritor se quejaba en 1603 de que el romero, "que antes no se vendía por doce peniques todo lo que pudieras recoger con los brazos, subió ahora hasta seis chelines un puñado" (un chelín equivalía a doce peniques).

Solemos asociar el olor corporal, que normalmente se califica como desagradable, a la falta de higiene, al descuido personal, a tener malos hábitos y malos modales. No es de extrañar entonces que tengamos esa prevención con el olor corporal: lo que es curioso es que, mientras la mayoría de los mamíferos muestran un gran interés por la información proporcionada por los olores individuales de sus congéneres —un hámster puede conocer olfateando la orina de otro hámster su sexo, si está receptivo sexualmente, si está sano o enfermo, si está bien alimentado o no, su situación jerárquica dentro del grupo—, nosotros consideramos el olor natural algo inútil y prescindible y hacemos un considerable esfuerzo, tanto de tiempo como de dinero, para librarnos de él.

Los humanos no tenemos glándulas específicas para la producción de aromas, pero los producimos con gran parte de nuestra piel y nuestro aliento. La mayoría son sustancias volátiles que dan información sobre algunas de las cosas que comemos (por ejemplo, el ajo), sobre algunas de las cosas que bebemos (por ejemplo, el alcohol), sobre algunos de nuestros problemas metabólicos (por ejemplo, el estrés) y sobre alguna de las enfermedades que sufrimos, incluida la diabetes, algunos tipos de cáncer y algunas enfermedades infecciosas. De hecho, en algunos hospitales se han hecho pruebas con perros que consiguen distinguir la presencia de algunas enfermedades, colaborando en el proceso de identificación de varias patologías, incluyendo la diabetes o el cáncer de próstata. Aunque se piensa que podría tener interés para el diagnóstico, el problema es que los aromas son difíciles de replicar y de almacenar, son complicados de describir a otra persona y su vida media es corta, por lo que hay quien piensa que esa relación entre olores y enfermedades es, de momento, algo más anecdótico que práctico.

Nuestra piel tiene tres tipos principales de glándulas: las sebáceas, las ecrinas y las apocrinas. Las sebáceas producen una secreción aceitosa sobre toda la superficie del cuerpo, en particular en el pecho, la espalda, la frente, las mejillas, el cuero cabelludo, las areolas alrededor del pezón y los genitales externos. La mayor densidad de glándulas ecrinas o sudoríparas se encuentra en las axilas, en las palmas de las manos, en la planta del pie y en la frente. Por su parte, las glándulas apocrinas están adosadas a los folículos pilosos y se encuentran en las axilas, el pubis, los párpados, los pezones, alrededor del ombligo, en los oídos y en la nariz, y secretan un fluido acuoso.

La secreción sebácea contiene muchos ácidos grasos libres y lípidos, que son los principales responsables de nuestra identidad olfatoria. Sin embargo, se cree que son las glándulas apocrinas, especialmente las de las axilas, las que generan la mayor parte del olor corporal. Su secreción es aprovechada por microorganismos que viven en nuestra piel y que fabrican esteroides a partir de esa secreción de partida. Ellos son los que dan un aroma a nuestro olor corporal parecido al almizcle, en particular el androstenol y la 5-alfa-androstenona. Ese olor se reduce afeitando las axilas o usando desodorantes que eliminen los microorganismos, por ejemplo, deshidratándolos y también tratándolos con antibióticos.

Un detalle importante de las glándulas sebáceas y apocrinas es que empiezan a secretar poco antes de llegar a la pubertad y aumentan su actividad con los cambios hormonales de esa época. En las mismas regiones donde abundan estas glándulas es donde más vello crece y son pelos tiesos y largos que ayudan a la persistencia y difusión de los olores, así que todo sugiere algún papel relacionado con la sexualidad. El hecho de que la región de la axila sea más potente como fuente de olores que la región genital se piensa que puede ser una consecuencia del bipedalismo, de nuestra postura erguida para caminar. No obstante, hay otras fuentes de olor corporal: se ha visto que hay cambios en la intensidad y agradabilidad de los olores vaginales a lo largo del ciclo menstrual, lo que podría usarse también para enviar una información sexual a las personas de alrededor.

Los humanos no solo lavamos la secreción oleosa natural de nuestra piel y nuestras ropas, sino que, mediante la depilación, eliminamos también el pelo que difunde la actividad de las bacterias para producir olores en las regiones más odorantes de nuestro cuerpo. No parece que tengamos ningún interés en la comunicación olfativa, sino que nos centramos en los estímulos visuales, auditivos y táctiles. Por otro lado, tenemos más glándulas productoras de olor corporal que cualquiera de los grandes simios, las especies más próximas a nosotros. Curiosamente, después de eliminar nuestros olores y cualquier información química que pudieran llevar, pagamos altos precios por perfumes que contienen sustancias sexualmente atrayentes de ciervos, civetas o castores. Hay quien piensa que el hecho de que algunos de los aromas más sofisticados y caros contengan notas que provienen de regiones urinarias o perigenitales es un recuerdo evolutivo de cuando las feromonas eran importantes para nuestra especie. Los esteroides presentes en las axilas son potentes feromonas en algunos grupos de animales, pero en los humanos no está claro si juegan algún papel y son valorados mayoritariamente como desagradables.

Nuestra huella aromática: olor e individualidad

La secreción fresca de las glándulas de la piel no tiene prácticamente olor, pero la actividad metabólica de los microorganismos que habitan en ella la transforman en compuestos con un olor marcado. La composición de esta microfauna es característica de cada persona y ellos, los microorganismos, van a ser protagonistas clave en la construcción del olor corporal individual.

El olor característico de cada persona, considerado una firma química, es una fuente esencial de información sobre la persona que lo ha generado. Esta información, creada por un complejo cóctel químico, se supone que ayuda tanto a los animales no humanos como a los humanos en tareas tales como la selección de pareja, el reconocimiento individual, la detección de parientes y la diferenciación entre sexos, por citar solo algunos de los demostrados. Las sustancias de la axila transmiten información sobre la individualidad del emisor, el sexo, el estatus reproductivo, la edad, la salud, la dieta, sobre hábitos como el tabaquismo o la higiene y muchas otras cosas. Entre la información transmitida se cree que hay aspectos bastante generales, como el sexo de la persona analizada, y otros muy definidos, los que marcarían su individualidad, específicos de cada persona.

En general, las personas pueden distinguir entre hombres y mujeres tan solo por el olor de su ropa. Son experimentos que se hacen presentando a un grupo de voluntarios una serie de camisetas idénticas que han sido usadas durante varios días por hombres, por mujeres, por nadie o por la propia persona que hace la discriminación. Se ha visto también que hay aspectos culturales; así, la discriminación entre el olor de la axila de hombres y mujeres la lograban el 20% de los italianos, pero la proporción se elevaba al 60% entre los japoneses. En la mayoría de estos estudios los olores femeninos son evaluados como más agradables que los masculinos y las puntuaciones tienen una correlación inversa con la intensidad, es decir, cuanto más fuerte es un olor corporal, más desagradable nos resulta. Las glándulas apocrinas de la mujer son en general más pequeñas y eso puede explicar que su olor corporal sea menos marcado. El estudio analítico de olores de hombre y mujer no ha encontrado ninguna diferencia cualitativa, tan solo cuantitativa; es decir, los olores de ambos sexos contienen las mismas sustancias, tan solo la proporción varía en algunas, en particular la de sustancias esteroideas como los androstenos.

El olor de una persona tiene componentes fijos, y por eso un perro policía puede seguir el rastro de un fugitivo, pero también se modifica con el tiempo en función de diversos parámetros. El olor de las mujeres varía a lo largo de su ciclo menstrual y los olores de personas en su fase fértil son valorados como menos intensos y más atractivos. El olor corporal también varía con la edad. Distintas especies, entre ellas la nuestra, pueden discriminar la edad de una persona atendiendo solamente a su aroma personal. Los olores de las personas de mayor edad (75-95) fueron calificados como menos intensos y menos desagradables que los procedentes de personas jóvenes (20-30 años) o de mediana edad (45-55). Parte de la diferencia se puede deber a las variaciones en las propias glándulas de la piel. Al contrario que las glándulas ecrinas, las sebáceas son menos activas en los jóvenes, alcanzan su pico de actividad en la vida adulta y reducen drásticamente su actividad en torno a mediados o al final de la séptima década de vida.

Hay dos compuestos de la secreción de las glándulas, el nonenal y el nonanal, que varían de una forma importante con la edad, aumentando en los individuos más mayores. Lo que algunas personas llaman "olor a viejo" puede ser debido en gran parte a estas dos sustancias. Un aspecto que es necesario controlar en todos estos estudios es que la dieta afecta tanto a la composición como a la percepción de los olores corporales, y también puede variar si el participante en el estudio está tomando medicación, pero es algo que se vigila con regularidad en los estudios bien diseñados.

Otro tema muy estudiado en el ámbito del olor y la individualidad es el olor de la pareja, la persona con la que tenemos un contacto prolongado y muy frecuente. Un estudio pidió a 24 parejas que identificaran las camisetas de sus compañeros o compañeras, usadas durante siete noches consecutivas, frente a otras nueve muestras procedentes de otras personas. Un tercio identificaron la usada por su pareja y sus olores fueron calificados mayoritariamente de agradables. Los mismos resultados se lograron en otro estudio donde se dejó a los participantes que siguieran sus pautas higiénicas normales, incluido el uso de desodorantes y perfumes. En general, se puede decir que los humanos son capaces de reconocer su olor corporal y que las mujeres tienden a calificarlo de agradable y los hombres de desagradable. El uso en otros experimentos de prendas de la pareja indica que el reconocimiento del olor corporal se puede aprender, un resultado que será lógicamente frecuente entre personas que comparten intimidad y pasan mucho tiempo juntas.

Pero ¿para qué sirven estas cosas? Los individuos que tengan la habilidad para distinguir a los parientes de los que no lo son pueden haber tenido mayores índices de supervivencia y de reproducción exitosa, aspectos clave del éxito evolutivo. Uno de los primeros experimentos daba a elegir entre dos camisetas, una usada por un familiar y otra por una persona no familiar de la misma edad, tanto a la madre como a un hermano de la persona que había usado esa prenda. Ambos eran capaces de distinguir la perteneciente al hijo y hermano. La posibilidad de que fuera debido a olores ambientales compartidos fue excluida en un estudio posterior donde se repetía el experimento, pero usando los olores de un hermano o hermana que hacía mucho tiempo que no compartía vivienda; el 67,5% de los participantes identificaron la camiseta usada durante tres noches por su hermano.

Los olores corporales juegan un papel importante en la búsqueda de pareja y en las relaciones familiares, en particular en las interacciones entre la madre y el hijo. Los bebés son capaces de identificar el olor corporal de su madre y las madres igualmente reconocen el olor de su bebé. Aunque crean que no son capaces, el 90% de las madres identifican el pijama de su bebé, de entre tres opciones, tras haberlo llevado puesto solo diez minutos. Esta habilidad de discriminación e identificación se extiende también a otros miembros de la familia como padres, abuelas y tías. Al parecer no se debe al reconocimiento de una firma olfatoria genéticamente próxima, pues los olores que marcan una identidad individual se producen en épocas posteriores de la vida, así que debe de haber un olor de clan, unas señales olfatorias ligadas a cierto grado de consanguinidad.

En roedores se ha visto que las feromonas de machos producen un adelanto de la maduración sexual en una cría hembra —es más interesante ser pareja que ser devorada—, mientras que, si las feromonas son de hembras, se produce un retraso de dicha maduración —quizá para no ser vista como una competidora y evitar ser víctima de una agresión por un animal mayor—. En roedores se produce también el efecto Bruce: el olor de un macho distinto al padre produce la finalización de la gestación en una hembra preñada. Evolutivamente tiene sentido: es mejor no seguir gastando ATP —la molécula encargada de proporcionar energía— en unas crías que serán devoradas nada más nacer y es más interesante quedar disponible lo antes posible para el nuevo macho. Aun así, es asombroso que una señal tan sencilla como un olor ponga en marcha una respuesta tan potente y drástica como es un aborto espontáneo.

La relación entre olor corporal individual y selección de pareja ha ido reuniendo numerosas evidencias en diferentes especies, incluidos los humanos, relacionándose con el llamado complejo mayor de histocompatibilidad (CMH). Este grupo de proteínas y los genes que las codifican intervienen en el reconocimiento de uno mismo y la detección de lo distinto, un fenómeno clave en la destrucción de elementos infecciosos, pero también en el rechazo de los trasplantes.

Con respecto a la discriminación de la edad utilizando el olor corporal, una posible explicación es el llamado modelo de "buenos genes". Se ha visto que las hembras de algunas especies prefieren el olor de machos de más edad y que los insectos hembras prefieren las feromonas de insectos machos de más edad. Se piensa que estas señales olfatorias, que estarían reguladas por el sistema inmune, son favorecidas puesto que los individuos que llegan a edades avanzadas poseen un sistema inmune más eficaz y más adaptado, unos genes mejores que les han permitido sobrevivir.

La preferencia de las mujeres por distintos hombres se correlacionaba inversamente con el grado de similitud entre su CMH y el del hombre. Es decir, las mujeres puntuaban mejor las camisetas usadas por hombres cuyo CMH fuese más diferente del suyo propio que los de aquellos donde era más similar. Más aún, los olores de los hombres con CMH menos similares les recordaban a las mujeres el olor de su actual pareja o de parejas anteriores. Curiosamente, la relación se revertía si la mujer estaba tomando anticonceptivos orales. Todos estos datos sugieren que los genes del CMH o genes ligados intervienen en la selección de pareja. Un estudio en una comunidad de huteritas —un grupo religioso donde el intercambio genético es menor, puesto que los miembros de cada comunidad se casan normalmente entre sí— comprobó que los matrimonios compartían menos loci del CMH que si fuese un proceso al azar. Aunque no se sabe muy bien cómo, se piensa que estos genes, muchos de los cuales son polimorfos, se relacionan con el CMH y a su vez con las preferencias de olor.

Nuestra sensibilidad olfatoria afecta también a nuestro comportamiento cotidiano. Un ejemplo son las distancias interpersonales. Hay algunos individuos que se acercan mucho a otra persona mientras hablan, aunque, en otros casos, la distancia es mucho mayor. Se ha visto que la preferencia de distancia interpersonal se puede predecir viendo la sensibilidad sensorial. Es decir, las personas que tienen mejor olfato se sitúan a más centímetros de su interlocutor frente a las personas menos sensibles, que lo hacen mucho más próximos.

Al final, la selección natural favorece la evolución de comportamientos que no solo benefician nuestros propios genes, sino también sus copias en individuos cercanos genéticamente. Estos comportamientos incluyen un grado de exogamia óptimo (que normalmente corresponde a una pareja que no es ni demasiado próxima genéticamente ni demasiado distante), el nepotismo (ayudar a los parientes) y el encono (dañar a alguien no relacionado con uno mismo a pesar de que suponga un coste personal). Todos estos sistemas requieren algo básico: reconocer a los individuos que son parientes de los que no, y esto, por lo que sabemos, es algo en lo que el olfato juega un papel fundamental.

Interacciones mediadas por el olfato

Las investigaciones de las últimas décadas han mostrado un resultado sorprendente: la comunicación entre individuos es más potente, diversa y generalizada de lo que se creía hasta entonces. Organismos unicelulares y plantas, que se pensaba que tenían vidas independientes y aisladas, son capaces de intercambiar información química y aprovecharla para responder a un medioambiente cambiante.

Las estructuras quimiorreceptoras son muy sencillas en animales unicelulares y se sabe, por ejemplo, que *Escherichia coli*, una bacteria que vive en el intestino humano, tiene una proteína específica que se une al azúcar galactosa y participa en que la bacteria se dirija hacia una fuente de este azúcar.

Proteínas para otras moléculas han sido identificadas en diversos organismos procariotas.

Un ejemplo de quimiotactismo negativo es que muchos organismos huyen al olor de un predador. Ratas y ratones huirán despavoridos si en la cercanía se pone la orina de un gato. Sucede también si el roedor jamás ha visto un gato, por lo que debe de ser uno de esos comportamientos codificados genéticamente.

Otros animales usan la olfacción como un arma defensiva, como en el caso de la mofeta. Normalmente basta con su peculiar coloración blanca y negra, pero si ese aviso visual falla, la mofeta levanta su cola y vacía, con una precisión bastante buena hasta una distancia de cuatro metros, un líquido de olor repulsivo que produce en unas glándulas anales y que puede causar ceguera temporal y sensación de asfixia.

CAPÍTULO 3

Feromonas

Las feromonas son un tipo de estímulos químicos que transmiten información específica entre individuos de la misma especie, generando normalmente una respuesta tipo. Son características, por ejemplo, de todos los machos de una especie y no de un macho individual concreto, aunque hay machos que pueden producir más feromonas y hacer que las hembras los encuentren más atractivos. Las feromonas no son los olores individuales que permiten a un individuo concreto ser distinguido de todos los demás por su aroma característico. Las respuestas a las feromonas pueden ser variadas, pero en los casos más evidentes generan un cambio inmediato en el comportamiento del animal receptor o un cambio en el desarrollo. Un ejemplo puede ser el bombicol liberado por las mariposas hembras del gusano de la seda que hace que, en cuanto lo sienta, un macho empiece a mover las alas. Un segundo grupo puede generar un cambio mucho más lento, actuando sobre la fisiología reproductiva. Un ejemplo puede ser el alfa-farneseno, una molécula presente en la orina de los ratones macho que acelera la pubertad en las hembras jóvenes. Finalmente, algunos investigadores han propuesto un tercer grupo de feromonas, llamadas "señalizadoras", que simplemente transmiten a otros individuos información como el estatus social o el nivel de salud del que emite la molécula odorante.

La información de las feromonas suele ser clave para las relaciones sociales y, en particular, las sexuales. Las feromonas pueden ser compuestos específicos o mezclas de compuestos. En cualquier caso, son compuestos reales con propiedades físicas y químicas concretas. Una vez liberada, la feromona tiene, por así decirlo, vida propia. La duración del mensaje va a depender de la persistencia de las moléculas en el ambiente y el alcance, tanto de esa vida media como de la facilidad de transporte por la brisa o por una corriente de agua. Finalmente, aunque la acción de las feromonas es normalmente por vía olfatoria, también puede realizarse en ocasiones por ingestión o por absorción.

Las propiedades de la feromona van a depender de su estructura química y de la existencia en el organismo diana de unos receptores específicos; las que son transportadas por el aire deben ser volátiles, las que se liberan en el océano deben ser estables en el agua y las que se colocan en un lugar para su detección durante periodos prolongados de tiempo deben ser persistentes. Propiedades como volatilidad, estabilidad y persistencia dependen de sus estructuras químicas y de las circunstancias ambientales (temperatura, humedad, viento, etc.). En general, suelen ser sustancias pequeñas, volátiles, que se dispersan con facilidad en el ambiente y que generan efectos en cantidades minúsculas, pero también va a depender de su función: las feromonas que se utilizan, por ejemplo, para marcar los límites de un territorio son normalmente estables y poco volátiles, mientras que una feromona especializada en dar un mensaje de alarma, de peligro, tendrá, por el contrario, una vida corta y una difusión rápida.

Entre las funciones que realizan las feromonas están la atracción de pareja, la demarcación de territorios y la transmisión de una alarma. La sofisticación puede ser alta: los ratones pueden seleccionar parejas apropiadas con un grupo de genes que complemente a los suyos basándose en señales químicas, generando de esa manera la mejor herencia genética posible para su descendencia.

El nombre *feromonas* no tiene un siglo de antigüedad. En 1932, se distinguió por primera vez entre hormonas secretadas dentro del cuerpo o endohormonas y hormonas excretadas fuera del cuerpo o ectohormonas. Estas últimas, a su vez, podían subdividirse entre aquellas que tenían efectos intraespecíficos, llamadas homoiohormonas, y aquellas que los tenían interespecíficos, las alloiohormonas. Veintiséis años más tarde, Karlson y Lüscher (1959) denominaron feromonas a las homoiohormonas.

Comunicación química en organismos simples

Organismos relativamente simples utilizan una comunicación química a distancia para procesos cruciales en su existencia, tales como atraer gametos del signo contrario o preparar otra célula para la reproducción. Ningún organismo biológico es sencillo, pero existen algunas especies como hongos, algas y bacterias que tienen sistemas de comunicación química relativamente simples de estudiar. En algunos casos, tanto el emisor del mensaje como el receptor feromonal son células individuales. Estas especies viven en el agua y su éxito reproductivo pasa por que los gametos sean capaces de encontrarse y fusionarse, por lo que uno de ellos manda un mensaje químico que atrae a la célula del sexo opuesto. Lógicamente, esa molécula debe ser estable en el agua y crear un gradiente que marque una dirección para el desplazamiento de la célula móvil. Se supone que algo similar ocurre entre el óvulo y el espermatozoide. Por lo demás, las moléculas mensajeras son enormemente variadas químicamente y algunas de ellas son muy poco solubles en el agua, pero esa pequeña solubilidad es suficiente, pues estas feromonas son eficaces en concentraciones ínfimas.

Los protozoos usan también feromonas. Estos organismos unicelulares pueden reproducirse asexual o sexualmente. Algunas especies de *Chlamydomonas*, un protozoo que nada ayudado por dos flagelos, se reproducen sexualmente, tras la fusión de dos individuos, o asexualmente, por bipartición. Para aparearse, es mucho más interesante que los dos individuos vengan de clones separados, poblaciones que derivan de un mismo individuo por división asexual y son genéticamente idénticas. Por tanto, con objeto de aumentar la diversidad genética, se ha visto que estos protozoos segregan desde los flagelos una feromona que hace que se agregue otro protozoo de un clon distinto, pero que no lo haga si es del mismo clon.

Para detectar el gradiente de feromonas, se han propuesto dos mecanismos: un sistema espacial, en el cual el gameto masculino tendría receptores de feromona en cada extremo que le permitirían sentir simultáneamente la feromona y comparar las concentraciones en ambas zonas de la célula para ver si su dirección de natación es adecuada, o bien un sistema temporal, donde una única zona receptora iría comparando las concentraciones locales sucesivas que va encontrando según avanza a intervalos regulares. Exploradas ambas hipótesis, se ha visto que el sistema utilizado es el temporal y que es enormemente eficaz, con rangos de fecundación cercanos al 100%.

Feromonas en invertebrados

Las feromonas son sustancias químicas excretadas o secretadas que generan una respuesta social en miembros de la misma especie, es decir, participan en la comunicación intraespecífica.

Los invertebrados son enormemente diversos e incluyen como grupo el 95% de las especies conocidas, muchas de las cuales usan comunicación química para enviar señales a los miembros de su especie. Los casos anteriores mostraban cómo las feromonas se usaban para atraer y juntar dos células; aquí ya se trata de atraer dos organismos, pues la fecundación suele ser interna. Además, encontramos no solo feromonas sexuales, sino también feromonas de alarma, que hacen que, si son móviles los organismos, se alejen de esa zona y, si son sésiles, asuman posturas defensivas. Hay también feromonas de agregación que hacen que los individuos de una misma especie se agrupen, en ocasiones para establecer un hábitat adulto; feromonas de guía, que marcan caminos para que sigan otros individuos; y feromonas de agresión, que causan una respuesta de ataque.

Muchos insectos viven alejados entre sí, y en algunos, como la polilla gitana, la hembra no puede volar, por lo que son necesarios mecanismos para atraer a los machos desde distancias considerables. Por ejemplo, hay feromonas que sirven para dar una señal de alarma, para establecer una ruta hacia una zona con comida y feromonas sexuales, que sirven para juntar machos y hembras.

La primera feromona identificada, a la que se denominó bombicol y de la que ya hemos hablado, fue la producida por la mariposa de la seda (*Bombyx mori*). Un grupo de químicos alemanes dirigidos por Adolf Butenandt juntó, en 1959, 313.000 mariposas hembras y les cortó el extremo del abdomen. Después los juntó, trituró y fue disolviendo en distintas sustancias y viendo en qué fracción se veía respuesta de los machos. El resultado fue la obtención de una cantidad mínima de sustancia, menos de 4 miligramos, pero se vio que bastaba 1 trillonésima parte de gramo (10^{-18} g) para conseguir una respuesta del macho. El análisis químico permitió determinar que se trataba de un alcohol de 16 átomos de carbono: el bombicol. Al poco tiempo, científicos norteamericanos purificaron la feromona de la polilla gitana (*Limantria dispar*). La oruga de esta polilla es un potente desfoliador que ataca a más de 300 especies de árboles causando un enorme daño, por lo que el descubrimiento tenía un evidente interés práctico. Existen otros ejemplos de feromonas en invertebrados que veremos a continuación.

Anthopleura elegantissima es una anémona marina que, cuando sufre una herida, produce una feromona de alarma que provoca unas contracciones convulsivas de los tentáculos hacia la base de la columna al llegar a otras anémonas cercanas; después, los tentáculos se esconden en la cavidad bucal y la boca se cierra. La anémona vive en aguas bastantes turbulentas, pero el mensaje es eficaz por dos razones: por un lado, estas anémonas viven muy cerca unas de otras, por lo que el mensajero, la llamada antopleurina, llega en concentraciones efectivas. Por otro lado, existe un molusco que come las anémonas y, tras ingerirlas, la antopleurina se almacena en sus tejidos y se va liberando lentamente al agua. De ese modo, el depredador se convierte en una verdadera alarma móvil.

Heterodera glycines es un pequeño nematodo que ataca las raíces de la planta de la soja. La hembra emite una feromona que atrae a los machos y hace que se enrosquen, lo que ha permitido establecer un bioensayo para la identificación de la feromona que consistía en ir preparando fracciones de un extracto de nematodos hembra y ver qué parte hacía que los machos se enrollaran, hasta descubrir finalmente que se trataba del ácido vanílico. Este se transforma con facilidad en vainillina, otra molécula con un potente aroma.

La lombriz de tierra (*Lumbricus terrestres*) genera un mucus que le sirve como lubricante para deslizarse por sus galerías. Si la lombriz sufre estrés, produce mucho más mucus y añade una feromona de alarma. Si otras lombrices contactan con este mucus, intentan alejarse inmediatamente de ese lugar, mientras que ignoran el mucus de otra lombriz sin estrés. Una curiosidad es que este mucus con feromona de alarma resulta desagradable para varios vertebrados que se alimentan de las lombrices, incluyendo anfibios, aves y roedores. Estos predadores no comen una lombriz en esta situación, mientras que devoran con rapidez una que no lo esté. Parece por tanto que las lombrices tienen una estrategia defensiva que pasa por avisar a otros anélidos de la presencia de un peligro y en repeler a algunos predadores, usando en ambos casos la misma feromona.

Navanax inermis es una babosa de mar que lubrica su camino con un moco. Otros individuos de la misma especie son capaces de seguir el rastro, aunque no hay una señal de sentido, por lo que una babosa que lo siga puede estar acercándose o alejándose del animal que dejó esa señal. Además, estas babosas son caníbales, por lo que seguir el rastro puede suponer tanto algo positivo, encontrar pareja, como negativo, ser devorado. Si la babosa es atacada o molestada, empieza a secretar en el rastro un compuesto amarillo formado por navenonas que persiste durante horas. Si otro molusco está siguiendo este rastro y de repente se encuentra con este rastro superpuesto, se da la vuelta inmediatamente y se aleja. Las navenonas, con su brillante color amarillo, absorben la luz solar y se convierten en inestables, por lo que a las pocas horas desaparecen, evitando dejar el fondo marino cubierto de señales de alarma sin sentido.

Los crustáceos también se comunican por feromonas. El balano mantiene a sus larvas en una cámara en su interior hasta que hay comida disponible. Cuando la madre se alimenta, gracias a alguna proliferación de algas, libera una feromona —al parecer una prostaglandina— que actúa sobre los huevos en desarrollo, haciendo que los embriones se activen, eclosionen y las larvas salgan al mar abierto, alejándose de su madre sésil.

Además, hay otros tipos de señalización química en crustáceos. La hembra del cangrejo de estuario, *Rhitropanopeus harrisii*, lleva los huevos fijados a su abdomen. La eclosión de estos huevos va unida a las mareas, ciclos lunares o el fotoperiodo, y se produce una eclosión simultánea en muchas puestas. La hembra hace un movimiento de flexión del abdomen, como un bombeo, que causa que muchos huevos sin eclosionar se rompan y las larvas eclosionen simultáneamente. Ese comportamiento es generado por una feromona que producen los propios huevos y que está formada por pequeños péptidos que provienen del fraccionamiento de proteínas de las membranas del grupo de huevos. Con la llegada del tiempo de la eclosión, los huevos se vuelven frágiles y algunos se van rompiendo, lo que libera los embriones y los péptidos en el agua. Estos péptidos actúan entonces como feromonas para generar la respuesta de bombeo de las hembras, multiplicando de forma exponencial la cantidad de embriones libres en la zona.

También hay pruebas de comunicación en los arácnidos. Se ha comprobado que en los ácaros que tienen alguna feromona de alarma, pero que no son muy específicas, aunque reconocidas por diferentes especies. Del mismo modo, se han visto feromonas que reclutan un número importante de individuos para montar un ataque, algo que también presentan algunas abejas y hormigas. Las garrapatas también tienen una feromona que hace que se depositen en los arbustos y plantas donde esperan que pase un posible huésped. Esta feromona hace que aquellas garrapatas que están vagabundeando se detengan en esa zona, por lo que se agrupan y se quedan quietas. Se piensa que este comportamiento las protege y aumenta sus posibilidades de sobrevivir hasta que encuentran un nuevo animal al que chuparle la sangre. También se ha visto que este comportamiento depende de las condiciones ambientales: así, en condiciones de baja humedad, las garrapatas se agrupan, pero si la humedad es alta, se dispersan. Esto puede ser debido a cambios en el receptor o en la feromona al hidratarse, o a una integración de los receptores de la feromona con sensores de humedad. Se ha comprobado también que las garrapatas tienen feromonas que no sintetizan, sino que ingieren, como el oleato de colesterol. La presencia de esta feromona en la superficie de la garrapata hembra induce al macho a moverse a su alrededor, una exploración donde toca la apertura genital o gonoporo; entonces, se produce una nueva feromona de copulación, que pone en marcha el apareamiento.

Feromonas y lucha contra plagas

La secreción de feromonas va ligada al ciclo reproductor. La feromona es controlada por el *corpus allatum*, una glándula que regula el desarrollo de la puesta. Tras el apareamiento, cuando los huevos están listos, el *corpus allatum* se inactiva, la secreción de feromonas se detiene y se bloquea la realización de nuevos apareamientos. En las langostas del desierto, la secreción de feromonas estimula el crecimiento de los *corpora allata* de otros individuos. El resultado es que las langostas maduran simultáneamente, y por tanto están listas para aparearse y reproducirse al mismo tiempo, lo que produce plagas si las condiciones son favorables.

En 1869, el artista francés Léopold Trouvelot tuvo la "brillante" idea de cruzar la polilla gitana con la mariposa de la seda para hacer una especie que produjera seda en el clima del este de Estados Unidos. El experimento del aprendiz de brujo no funcionó y las polillas gitanas se escaparon, convirtiéndose en una de las plagas más dañinas de la región. La purificación de la feromona de la polilla gitana, el giptol, permitió hacer una lucha biológica. Se colocaba en trampas que atraían a los machos permitiendo acabar con ellos. La gran ventaja era que se trataba de un método selectivo que permitía acabar con la plaga y no dañaba los insectos beneficiosos. El problema es que la feromona se evapora con rapidez en tiempo caluroso, y la concentración de feromonas es crucial. Si son demasiado bajas, no atraen a las polillas y las muy altas provocan que los machos hagan los movimientos de apareamiento en la caja donde está la trampa, pero sin entrar en ella, y finalmente se alejen volando. A pesar de ello, el método se ha usado con éxito contra la mosca de la fruta oriental en Rota, una de las islas Marianas. Se lanzaron desde un avión pequeños tableros impregnados con una molécula atrayente (metileugenol) y un insecticida y la isla quedó libre de este insecto.

El segundo método que se utiliza es fumigar grandes cantidades de feromona en una zona infectada con el objetivo de saturar los receptores de los machos e impedirles de este modo localizar a las hembras. Un ensayo a gran escala no tuvo éxito, pero hay estudios en plantaciones concretas donde sí ha funcionado. En la actualidad, se siguen usando feromonas, pero en general como método de muestreo, para estimar la población de insectos, ver cuándo empieza a haber riesgo de que se conviertan en plaga y actuar con insecticidas tradicionales en los momentos cruciales.

Feromonas en vertebrados

Una feromona debe generar en el conespecífico (dentro de la misma especie) una reacción determinada, tal como un comportamiento estereotipado o un cambio en el desarrollo. Algunas feromonas pueden tener ambos efectos. Un ejemplo es el ratón doméstico, *Mus musculus domesticus*, en el que las feromonas masculinas dehidro-*exo*-brevicomina y la 2-*sec*-butil-4,5-dihidrotiazol generan agresividad en otros machos, atraen a las hembras, inducen el estro en las hembras maduras y aceleran la pubertad en las hembras jóvenes.

Las feromonas en vertebrados intervienen en numerosas funciones, incluyendo la atracción sexual, la elección de pareja, el seguimiento de rastros y las interacciones entre los progenitores y las crías. La mayoría de las feromonas de vertebrados no son compuestos sencillos, sino una mezcla característica de la especie y están formadas por numerosas moléculas. Un ejemplo, de nuevo en ratón, son los estrógenos sulfatados y una fracción particular de la orina que son producidas por las hembras en estro y que estimulan la monta por el macho.

Las feromonas de vertebrados pueden ser volátiles o no, solubles o insolubles, grandes o pequeñas, dependiendo de cómo es su medio de transporte (aire o agua) y de cómo se produce el depósito en el sistema olfatorio del receptor. Pueden ser de corto o amplio rango o actuar por contacto. Las feromonas masculinas que hemos mencionado anteriormente, la brevicomina y el dihidrotiazol, actúan a una distancia de centímetros, mientras que el péptido masculino ESP1 (exocrine gland-secreting peptide 1) se transfiere desde las glándulas lacrimales del macho a la nariz y, por tanto, al órgano vomeronasal de la hembra durante un contacto directo en el cortejo.

Feromonas en humanos

Parece mentira, pero todavía no sabemos si existen feromonas en los seres humanos. Hay una leyenda, repetida muchas veces, de un joven campesino austriaco que en el siglo XIX llevaba su pañuelo en la axila y aprovechaba siempre que podía para amablemente secar el sudor de sus parejas de baile, que poco después se rendían a sus pies, para envidia de sus paisanos. Es posible que creer en las virtudes afrodisiacas de su pañuelo le diera la seguridad necesaria para lanzar la caña y rendir a aquellas damas.

Al final es como una gradación, ¿hay un control olfatorio del deseo sexual? ¿Hay feromonas? ¿Hay comunicación química? La mayoría de los investigadores responderían que sí a la última pregunta y un quizá a las dos anteriores.

Un candidato para esta comunicación química son las prostaglandinas que actúan como feromonas en invertebrados y vertebrados. De hecho, estas moléculas fueron inicialmente identificadas en el semen humano y se vio que su síntesis estaba regulada por la testosterona, pero no se sabe cuál es su función. Lo que sí se sabe es que las prostaglandinas estimulan las contracciones uterinas, lo que podría ayudar a los espermatozoides en su avance hacia el óvulo y a favorecer la fecundación. Otras moléculas interesantes son las copulinas, seis tipos de ácidos alifáticos (ácidos grasos volátiles) identificados en los fluidos vaginales de los monos rhesus.

Después de su identificación en el epitelio olfatorio, los genes y las proteínas receptoras olfatorias se han encontrado en otros tejidos, en particular el testicular y en los espermatozoides maduros. En 1991 se vio que, al igual que sucedía con los gametos de algas u hongos, había un quimiotactismo entre el óvulo y el espermatozoide. Aprovechando los óvulos que se utilizan para la fecundación *in vitro*, se recogió el fluido que rodeaba al óvulo y se vio que muchos más espermatozoides se acercaban hacia este fluido que hacia una solución control. Posteriormente, se demostró que esa quimiotaxis podía dirigirse hacia sustancias químicas sintéticas y se planteó que el movimiento de natación detectaba compuestos que generaban el cambio de los niveles intracelulares de calcio a través de esas proteínas receptoras. Es interesante porque, si entendemos mejor el "olfato" de los espermatozoides, podremos ayudar a mejorar los problemas de fertilidad y, quizá, a tener nuevas estrategias anticonceptivas.

Reconocimiento madre-hijo

El propio Charles Darwin indicó hace siglo y medio que un bebé con los ojos cerrados vuelve la cara hacia el pecho de su madre cuando se le acerca. Se pensó que podía ser su aroma corporal, pero también que fuera una reacción al calor de su cuerpo. Experimentos más recientes han demostrado que durante las seis primeras semanas de vida, los bebés prefieren el olor del pecho de su madre que el de otra mujer. Se piensa que el bebé ha aprendido a reconocer el olor de su madre, que a su vez puede incluir su propio olor, transmitido durante la lactancia.

El proceso inverso, la habilidad de una madre para identificar a su hijo, se establece con gran rapidez. Un grupo de investigadores analizaron si una madre con los ojos vendados era capaz de reconocer a su bebé entre tres niños. El resultado fue un 61% de aciertos. Los padres en cambio, a los dos días de nacimiento, acertaban en el 37% de los casos, solo un poco por encima del 33% esperable si fuera un proceso puramente aleatorio. Toda esta información se basa en que nuestros olores son altamente personalizados y relativamente estables, a pesar de aspectos como la alimentación, el ejercicio físico, etc.

Sincronía menstrual

Martha K. McClintock, de la Universidad de Harvard, estudió los ciclos menstruales de 135 estudiantes universitarias que vivían en un colegio mayor femenino. Curiosamente, la sincronía se producía entre las amigas cercanas y las compañeras de habitación, pero no entre todas las que vivían en el colegio. McClintock estudió diversas variables como la dieta, patrones de vida semejantes, periodos compartidos de estrés, posible exposición común a periodos de luz y oscuridad y el conocimiento que tuvieran o no sobre los ciclos menstruales de sus compañeras. Sus datos permitieron excluir todos estos factores, además de la edad y la promoción a la que correspondía. El único factor que mostró una relación directa con la sincronización fue el tiempo que pasaban juntas unas con otras. Un segundo hallazgo de esta investigación fue que las estudiantes que pasaban tiempo con hombres más a menudo tenían ciclos menstruales más cortos y regulares.

George Preti, del Monell Chemical Senses Center, publicó en 1986 que el sudor axilar era la fuente de una señal química que favorecía la sincronización de las menstruaciones. Un grupo de voluntarias que tenían ciclos regulares sirvieron como "donantes", recogiendo en compresas el sudor durante el ciclo en periodos de tres días. El contenido de esas compresas se disolvió en alcohol y se aplicó en el labio superior de otro grupo de voluntarias que actuaban como "receptoras". Cada receptora recibió olores de axilas de donantes que estaban en periodos sucesivos del ciclo menstrual. Un grupo control recibió solo alcohol. Tras 10-13 semanas, los ciclos sexuales de las receptoras se habían desplazado para coincidir con los de las donantes, mientras que no había habido cambios en el grupo control.

También hay efectos de la mujer en el hombre; un grupo de la Florida State University demostró en 2011 que el olor corporal de mujeres ovulando generaba un aumento en los niveles de testosterona de los hombres.

Señales de alarma

Muchas de las feromonas en animales van unidas a señales que alertan de una situación de peligro. Se ha propuesto que la actuación de las feromonas en los humanos sería mucho más sutil y no generaría una respuesta inmediata, como en la mariposa de la seda, sino que actuaría como un "modulador", afectando al estado de ánimo o a la actividad mental del receptor. Un estudio de este tipo fue realizado por investigadores de Stony Brook: en él demostraron que oler el sudor de personas que saltaban en paracaídas por primera vez incrementaba la habilidad de una persona para discriminar entre expresiones emocionales ambiguas. La explicación que se dio es que las sustancias químicas volátiles presentes en el sudor del paracaidista constituían una señal de alarma por el miedo que pasaba y ponían al receptor en un estado de alerta que hacía que prestase más atención a los detalles.

Los olores personales están influidos por la dieta, el ambiente, la salud y la genética. Se piensa que contienen demasiadas sustancias para ser descritos como feromonas y, de hecho, no se ha podido identificar una molécula que se haya definido como feromona humana. Eso no ha detenido a una serie de emprendedores de montar empresas que venden pociones de amor que supuestamente contienen feromonas, aunque en realidad, en el mejor de los casos, contienen feromonas de cerdo.

CAPÍTULO 4

El olfato enfermo

La capacidad para oler es lo que denominamos habilidad olfatoria, aunque es difícil precisar esta cualidad, ya que no disponemos de aparatos específicos que evalúen el umbral olfativo, como sí ocurre con la vista o el oído. Podemos hablar de dos tipos de umbrales olfativos: en primer lugar, el *umbral de identificación*, que sería la concentración mínima a la que somos capaces de identificar un olor determinado, y en segundo lugar, el *umbral de detección*, que es la concentración mínima a la que detectamos la presencia de un olor. En la actualidad, distinguir los olores ya no es una cuestión de supervivencia, pero nos ayuda a disfrutar de la vida y nos advierte sobre peligros tales como incendios, gases venenosos, y alimentos en mal estado.

La habilidad olfatoria se puede dividir en dos procesos independientes: el *periférico*, que tiene lugar en la nariz y es la habilidad o capacidad para detectar los olores, y el *central*, que es la capacidad del cerebro para identificar, discriminar, recordar o nombrar un olor. Es decir, las neuronas sensoriales que se sitúan en la nariz en contacto con el exterior convierten una señal química (las moléculas del olor) en una señal eléctrica (un impulso nervioso) que viaja al cerebro para su interpretación. Y ahí es donde está la clave: la manera de procesar esa información, la interpretación que el cerebro realiza con los datos que recibe, es lo que determina la habilidad olfativa, que a su vez va a cambiar en función de la experiencia.

La formación/entrenamiento es el factor más importante para mejorar la habilidad olfativa, que además está relacionada con la capacidad verbal. En general, las mujeres presentan mayor capacidad para la detección, identificación y discriminación de los olores. Muchas mujeres refieren un aumento de la sensibilidad olfativa durante el embarazo, así como una intolerancia a diversos olores ambientales durante las fases iniciales de este. Asimismo, se dice que el aroma de las lágrimas de las mujeres baja la testosterona y los niveles de excitación sexual.

Al contrario de lo que se pensaba, las personas invidentes no tienen un sentido más agudo del olfato que las personas videntes, sino que la pérdida de visión hace que presten más atención a los olores. Se ha demostrado que las personas invidentes usan la corteza olfatoria secundaria más que las videntes cuando aprecian un olor, y, además, emplean la corteza occipital, que es la parte del cerebro dedicada a la visión. Esto significa que las personas invidentes aprovechan esa parte de su cerebro, reorganizada y adaptada, para un uso distinto al original. Así sucedería en el caso de Helen Keller, sordociega de nacimiento, quien decía que el sentido del olfato le daba un gran placer, y lo describía como un ángel caído haciendo referencia a "la nobleza de un sentido que tenemos descuidado y menospreciado". Renegade (1886) consideraba que "en cierto número de profesiones, además, es indispensable poseer en el mayor grado posible la aptitud para percibir los olores: el médico, el químico, el cocinero, el perfumista, etc., se hallarían a veces muy apurados si careciesen del sentido del olfato; el minero, el albañil que sabe reconocer por el olor el desprendimiento de un gas inflamable o toxico, pueden deber su salvación a su fino olfato".

Distorsiones/anomalías olfatorias

> Mi memoria está vacía de olores, construida solo de imágenes, palabras, sonidos, roces, sentimientos. No hay perfumes que puedan evocarme recuerdos de mi infancia. No conozco el olor de las personas a las que quiero. Y, por supuesto, jamás me he olido a mí misma. Si el aroma de cada cuerpo es el nombre que la naturaleza le otorga para hacerlo único e inconfundible, para que todos lo conozcan y distingan por él, entonces todos me reconocen por algo que yo no sé lo que es. Debe de ser algo semejante a desconocer el sonido de mi propia voz.
>
> Marta Tafalla, *Nunca sabrás a qué huele Bagdad*

Los trastornos olfativos se clasifican en relación con el sitio en el que la información olfativa ha sido interrumpida: nariz, epitelio olfativo y sistema nervioso central. Las causas de los trastornos olfatorios se deben a trastornos congénitos, enfermedades neurodegenerativas o autoinmunes, traumatismos craneales, enfermedades virales, exposición a toxinas, inflamaciones nasales, problemas hormonales o radiación (en cáncer de cabeza/cuello). En general, las principales causas de pérdida del olfato tienen que ver con patologías inflamatorias de las vías aéreas, como la rinosinusitis crónica con poliposis nasal. También hay factores genéticos, dieta, tipo de piel, clima..., que están relacionados con "cómo huele un olor".

En general, los problemas relacionados con los olores tienen una repercusión importante en nuestra vida cotidiana, y los trastornos asociados al olfato pueden conducir a una desconexión con el mundo externo. Al igual que el resto de los sentidos, el olfato juega un papel importante en nuestra vida diaria. Platón consideraba que, comparado con la vista o el oído, "el género de los placeres relativos a los olores es menos divino", pero el olfato tiene muchas más utilidades de las que nosotros nos damos cuenta. Marta Tafalla, anósmica de nacimiento, decía: "Es toda una dimensión de la realidad la que no existe para los que somos anósmicos, y que apenas apunta para muchos hipósmicos. Intuimos esa realidad gracias a las palabras de los demás, pero a veces hay que echarle mucha imaginación". Como bien es sabido, nadie sabe lo que tiene hasta que lo pierde, y eso ocurre con el olfato, sin el cual nuestra vida sería mucho más complicada e insípida.

Como ya hemos comentado, los olores evocan muchos recuerdos y, por supuesto, están unidos a nuestros placeres más básicos (bebida, comida...). Se ha descrito que la perdida de este sentido puede ir asociada a disminución de la libido, depresión e incluso al suicidio. Como decía el premio Nobel de Literatura Rudyard Kipling: "Más que los sonidos o las imágenes, los olores pueden mover las fibras del corazón". En determinadas profesiones (cocineros, bomberos, perfumistas, enólogos, sumilleres) la pérdida del olfato puede tener graves consecuencias laborales. Asimismo, muchas personas mayores experimentan problemas con el sentido del olfato, predominando estas alteraciones más en hombres que en mujeres —casi una cuarta parte de los hombres entre 60 y 69 años tienen trastornos olfativos, mientras que este mismo problema solo se da en el 11% de las mujeres en ese rango de edad—.

Estos trastornos olfatorios o disfunción olfatoria consisten en alteraciones pasajeras o permanentes de la salud olfatoria que implican la pérdida de la habilidad de oler o perciben los olores de diferente forma, y se agrupan en alteraciones cuantitativas y cualitativas. Las cuantitativas incluyen: 1) anosmia: pérdida completa de la habilidad para detectar o reconocer los olores; 2) hiposmia: pérdida parcial del olfato; 3) hiperosmia: aumento exagerado de la sensibilidad olfativa. Por su parte, las cualitativas se agrupan en: 1) disosmia: cualquier distorsión de la sensación olfativa; 2) parosmia:

odorantes específicos se perciben de manera diferente, placenteros (euosmia) o desagradables (cacosmia); 3) fantosmia: distorsión percibida (generalmente desagradable) cuando no hay estímulo olfativo presente (cuando la fantosmia dura pocos segundos se llama alucinación olfativa). Existen ciertos tumores cerebrales cuyo primer síntoma son las alucinaciones olfativas.

Algunas personas tienen incapacidad para oler, anosmia, restringida a un único odorante, algo que se cree que es debido a la carencia de un tipo de receptor olfatorio. Hay que recordar que cada neurona sensorial expresa predominantemente un alelo de un único gen receptor olfatorio. Por ejemplo, 1 de cada 1.000 personas no detecta el butil mercaptano, el desagradable olor producido por las mofetas; 1 de cada 10 no detecta el cianuro de hidrógeno, algo que puede ser letal, o el etil mercaptano, la sustancia que se añade al gas natural para ayudar a su detección en caso de fugas. Además del aspecto cualitativo está el cuantitativo, es decir, cada odorante activa una única combinación de receptores de una forma dependiente de concentración y, recíprocamente, cada receptor reconoce un rango de moléculas odorantes con diferentes afinidades. El sistema se complica aún más porque los odorantes pueden inhibir la respuesta de los receptores a sus ligandos relacionados. Las diferencias individuales se han podido asociar, en algunos casos, a variantes génicas. Así, las variantes del gen que codifica el receptor OR5A1 hace que algunas personas puedan oler la beta-ionona, un aroma típico de muchas comidas y bebidas, mientras que otras son incapaces de detectarlo.

Se calcula que un 2% de la población mundial padece pérdida de olfato —unas 250.000 personas en España—, siendo la anosmia congénita, ausencia total de olfato desde el nacimiento, la más común. Por otro lado, una gran parte de anosmias o hiposmias crónicas se deben a infecciones de las vías respiratorias altas (gripe, resfriados), enfermedades inflamatorias nasosinusales, traumatismos craneales y tumores nasales o cerebrales.

Mientras la mayoría de estas anosmias son de origen desconocido, una de ellas tiene un origen genético y está asociada con el hipogonadismo hipogonadotrópico por déficit congénito de GnRH, la hormona liberadora de gonadotropina hipotalámica. Fue descrita por primera vez por el patólogo español Aureliano Maestre de San Juan en 1856, y posteriormente (1944) se determinó su naturaleza hereditaria, conociéndose en la actualidad con el nombre de síndrome de Kallman. Es una enfermedad hereditaria autosómica dominante, ocasionada por un defecto en la migración de las neuronas sintetizadoras de la hormona liberadora de gonadotropinas desde la placoda olfatoria hasta el hipotálamo, junto con un desarrollo anormal del bulbo olfativo. Este es un claro ejemplo de una disfunción olfativa relacionada con una alteración específica durante el desarrollo del sistema nervioso. Otras enfermedades relacionadas con problemas durante el desarrollo del cerebro, y que incluyen déficits olfativos, son el trastorno autista, hiperactividad con déficit de atención o esquizofrenia. También se ha descrito un déficit olfativo en pacientes con síndrome de Down, donde se da una disminución en la percepción de olores desde el nacimiento hasta la adolescencia. En algunos tipos de epilepsias se perciben determinados odorantes de manera diferente al olor que el sujeto recordaba para dicho estímulo (parosmias). Tras las exposiciones químicas, algunas personas describen un aumento de la sensibilidad a los estímulos químicos (hiperosmia).

En general, los déficits en la habilidad de detectar olores pueden reflejar una lesión/daño en la nariz (epitelio o mucosa olfatoria), mientras que los déficits en la identificación o memoria olfativa podrían reflejar daños en el sistema nervioso central. En Europa, la frecuencia de las alteraciones del olfato es del 16% de hiposmia y del 5% de anosmia, siendo las causas más frecuentes la rinosinusitis, las infecciones respiratorias virales y el traumatismo de cráneo e idiopático. De cualquier forma, es imposible demostrar la pérdida del olfato de una forma objetiva y, de hecho, la anosmia/hiposmia es una enfermedad casi exclusivamente autodetectable. Por otro lado, el olor influye en el comportamiento de las personas, pero no existe normativa internacional o comunitaria específica de la contaminación odorífera, sino que habitualmente se aplica la normativa general de contaminación atmosférica o las típicas normas de vecindad establecidas en los códigos civiles estatales. En este sentido, se deben desarrollar instrumentos eficaces para defendernos frente a los malos olores, puesto que se trata de un tipo de contaminación ambiental.

Como ya hemos dicho, el olfato está estrechamente vinculado con el gusto y, al perder el olfato, algunas personas cambian sus hábitos alimenticios. Al no ser capaces de oler la comida, tampoco pueden saborearla, y esta situación puede derivar en que coman muy poco y pierdan peso, o puede darse el caso de comer en exceso e incluso desarrollar sobrepeso. Muchos pacientes con cáncer tienen alteraciones de los sentidos del gusto y del olfato, dando lugar a una pérdida del apetito y aversión a algunas comidas. En ocasiones, se produce como efecto secundario de la quimioterapia, que puede provocar sabor ácido o metálico en la boca e inducir alteraciones en la percepción de los olores de los alimentos, un tema que puede ser parte del desencadenamiento de vómitos.

Las afecciones del gusto son generalmente de tipo cuantitativo: hipogeusia (incapacidad parcial) y ageusia (incapacidad total), y de tipo cualitativo o disgeusias: parageusia y fantogeusia. Estos trastornos gustativos se pueden producir por el consumo de algunos medicamentos, por trastornos neurológicos de naturaleza diversa o por una disminución en el número de papilas. En general, al volverse la comida menos agradable, se intenta solucionar inútilmente el problema utilizando demasiada sal o azúcar para mejorar el sabor (sin ningún tipo se resultado satisfactorio), y se llegan a originar problemas de salud. La habilidad olfatoria se puede educar y desarrollar con la práctica. El secreto para distinguir bien los aromas es practicar y afinar el sentido.

El olfato en las enfermedades neurodegenerativas

La habilidad para identificar olores familiares disminuye con la edad, al igual que ocurre con la agudeza visual, auditiva y del gusto. En un estudio realizado con personas sanas a las que se pone una batería de olores comunes, las que están entre 20 y 40 años detectan en torno al 50-75% de los olores, mientras que el porcentaje de las que están entre 50 y 70 años disminuye al 30-45%. La pérdida de sensibilidad olfatoria no es algo que genere gran preocupación, aunque se piensa que disminuye la calidad de vida, la sensación de placer y el disfrute de la comida.

Pero el interés puede ser mayor de lo que pensamos. Un trastorno del olfato puede ser una señal temprana en fases precoces de distintas enfermedades neurodegenerativas, destacando las enfermedades de Alzheimer, Parkinson y la esclerosis múltiple. También puede estar relacionado con otros problemas de salud, como la obesidad, la diabetes, la hipertensión y la desnutrición.

En la enfermedad de Alzheimer existe un trastorno olfativo en un 85-90% de los pacientes. Está considerado como un síntoma precoz de la enfermedad y empeora a medida que esta avanza. Asimismo, el 90% de los pacientes con Parkinson presentan alteraciones del olfato, lo que podría ser un potencial indicador preclínico de la enfermedad, dado que se manifiesta de forma temprana y su aparición es independiente tanto del estado motor como del estado cognitivo. En relación con la esclerosis múltiple, existe controversia en cuanto a la existencia o no de déficit olfativo.

CAPÍTULO 5

Olfato y sociedad

La industria de los aromas

Los perfumes se conocen desde la antigüedad. En cuevas prehistóricas se han encontrado restos de flores y plantas aromáticas, como la camomila, que no tienen ningún valor nutricional. No sabemos si su uso era medicinal o hedónico, por su belleza o por el disfrute de los aromas desprendidos. Sabemos de perfumes desde que tenemos cultura, desde que tenemos escritura, desde que hemos creado la literatura, el comercio y el amor. Miles de años antes de nuestra era, aceites con fragancias se usaban en Oriente Medio para cuidar la piel y protegerla del ambiente cálido y seco. El registro histórico nos muestra que las civilizaciones más antiguas, como medos y persas, conocían y usaban frecuentemente los perfumes, aunque al parecer no los producían ellos mismos, sino que los importaban de sus vecinos, los partos, siendo una de las primeras muestras del interés económico, uno de los productos de mayor importancia en la historia de las rutas comerciales.

La primera referencia a un perfumista —llamado Tapputi— aparece en Mesopotamia en una tableta de arcilla con escritura cuneiforme datada en el segundo milenio antes de Cristo. En otra tableta denominada *Enuma elish* aparece también que, hacia el 2000 antes de nuestra era, se añadían especias y fragancias al vino para aromatizarlo. De la misma época es una gigantesca fábrica de perfumes descubierta en Chipre, el hogar mitológico de Afrodita, y que funcionó durante la Edad del Bronce. El establecimiento perfumero tenía unos 4.000 m^2, lo que indica que producían fragancias a escala industrial y probablemente los distribuían por todas las costas del Mediterráneo, tanto para el uso personal de las clases altas como para el culto a la diosa del amor.

El Imperio persa impulsó claramente el uso de los perfumes y algunos de los gobernantes más famosos, como Darío o Jerjes, aparecen representados sentados en sus tronos con frascos de perfume o sujetando una flor perfumada. Era una imagen que implicaba cultura, sensibilidad, categoría, atractivo, poder: algo que seguimos haciendo 2.500 años después.

Desde los egipcios usamos aromas para tres momentos clave: las ceremonias religiosas, enterrar a los muertos y agradar y atraer a la persona que deseamos. Los egipcios pensaban que la fragancia era el sudor del dios-sol Ra y tenían también un dios del perfume, Nefertum, que llevaba en la cabeza un tocado hecho con lotos sagrados. Su nombre significaba simplemente "el loto", aunque para otros sería "perfección absoluta". Era considerado "señor de los perfumes" y como tal aparece en los *Textos de las Pirámides* (sección 266) y en el *Libro de los Muertos* como "la flor de loto que está en la nariz de Ra".

El loto tenía un componente simbólico, pues emerge resplandeciente desde las profundas aguas del Nilo, y era uno de los ingredientes básicos de los perfumes de la época. Los arqueólogos han encontrado en las tumbas egipcias recetas para elaborar perfumes, una parte más de los conocimientos necesarios para afrontar la vida en el más allá. Muchas de las fragancias egipcias se elaboraban sobre una base de aceite y, de hecho, muchas mujeres pintadas en las tumbas de los faraones —bailarinas y músicos, especialmente— llevan un cono en la cabeza hecho de manteca mezclada con compuestos aromáticos que se iba disolviendo lentamente con el calor del cuerpo, perfumando el cabello y la cabeza. Nos puede parecer algo desagradable, pero entonces debía de ser el colmo de la sofisticación.

El nombre perfume significa "por el humo" (del latín *per fumus*) y fue usado por los romanos, pues muchos de esos aromas eran generados quemando resinas y maderas que eran traídas desde distintas partes del mundo conocido. Eran un lujo reservado a la clase dirigente y muchos de los ingredientes se importaban de la península arábiga o de la región de Punt, una zona de África situada en la costa del océano Índico. El faraón Mentuhotep III, de la dinastía XI, envió una expedición a Punt y el relato quedó registrado en inscripciones grabadas en las rocas del valle de Uadi Hammamat. El canciller Henu relata lo siguiente: "Fui enviado a conducir barcos al país de Punt para traer al faraón especias fragantes que los príncipes del país Rojo recolectan profusamente, puesto que entusiasman a todas las naciones".

Los sacerdotes ofrecían esos perfumes a los dioses tres veces al día y también se perfumaba con ellos el cuerpo del difunto durante el proceso de momificación. El *Libro de los Muertos* recoge rituales en los que se incineran varios tipos de inciensos al mismo tiempo que se ofrendan carne y bebidas. Estos ritos servían, según sus creencias, para proteger al difunto de la corrupción de la oscuridad y para ahuyentar los malos espíritus que podían impedir su paso a la vida eterna. El incienso era considerado también un método para elevar las plegarias a los dioses, una creencia que asimiló posteriormente la religión cristiana. Además, saquitos con flores secas o especias se colocaban alrededor del cuello del difunto. Los perfumes fueron también popularizándose entre las clases ricas como parte de los tratamientos de belleza y distintos aromas como el iris, el heliotropo, el azafrán, la canela o la mirra se añadían a aceites que se usaban después del baño.

Los hebreos compartían la pasión por los aromas de los egipcios. En el Cantar de los Cantares, la amada dice así:

Mientras el rey está en su diván, mi nardo exhala su perfume.
Mi amado es para mí una bolsita de mirra que descansa entre mis pechos.
Mi amado es para mí un racimo de alheña en las viñas de Engadí.

El jardín en que se encuentran los amantes es también un torbellino de perfumes: alcanfor, nardo, azafrán, cálamo, canela, incienso y, sobre todo, la mirra que ella lleva y "gotea de sus dedos". Este libro es una de las obras maestras de la sensualidad y una de las imágenes literarias más antiguas que conocemos del mundo de los aromas. *Pairi-daiza*, paraíso, significa en persa antiguo "jardín vallado", un lugar repleto de flores y plantas aromáticas y donde el propio amado es también una reunión de fragancias: "Sus mejillas son como lechos de bálsamo, como cultivos de aromáticas hierbas. Sus labios son azucenas por las que fluye mirra".

El perfume, escaso y caro, se convierte en un símbolo de la posición social, de la exclusividad y el lujo, que alcanza un valor en sí mismo. En la Biblia (Éxodo 30, 22-33) se da la receta exacta de un perfume sagrado que solo pueden usar los sacerdotes: "Cualquiera que hiciere otro como este para olerlo, será cortado de entre su pueblo". Estaba hecho de mirra líquida, canela fragante, caña fragante y casia. También en el Éxodo, Dios da instrucciones rigurosas a Moisés para que haga un altar con perfumes muy concretos, un homenaje aromático dedicado a la propia divinidad:

Harás asimismo un altar para quemar el incienso; de madera de acacia lo harás. Y Aarón quemará incienso aromático sobre él; cada mañana cuando aliste las lámparas lo quemará. Y cuando Aarón encienda las lámparas al anochecer, quemará el incienso; rito perpetuo delante de Jehová por vuestras generaciones. No ofreceréis sobre él incienso extraño, ni holocausto, ni ofrenda; ni tampoco derramaréis sobre él libación.

Habló más Jehová a Moisés, diciendo: Tomarás especias finas: de mirra excelente quinientos siclos, y de canela aromática la mitad, esto es, doscientos cincuenta, de cálamo aromático doscientos cincuenta, de casia quinientos, según el siclo del santuario, y de aceite de olivas un hin. Y harás de ello el aceite de la santa unción; superior ungüento, según el arte del perfumador, será el aceite de la unción santa. Con él ungirás el tabernáculo de reunión, el arca del testimonio, la mesa con todos sus utensilios, el candelero con todos sus utensilios, el altar del incienso, el altar del holocausto con todos sus utensilios, y la fuente y su base. Así los consagrarás, y serán cosas santísimas; todo lo que tocare en ellos, será santificado.

La Iglesia católica sigue usando aceites bendecidos en la unción de los enfermos y, de hecho, el propio Jesucristo, según nos dice el Evangelio de San Juan, fue ungido tras su crucifixión y muerte con mirra, aloe y especias.

Tras los componentes básicos y la pericia en su mezcla, surgen nuevos métodos de preparación que permiten disponer de perfumes más estables e impactantes y se identifican nuevas materias primas. En la civilización del Indo (3300-1300 a. C.) se desarrolla la destilación del attar, un perfume que aún se utiliza en la India, país donde se fabrican perfumes en beneficio de "los personajes de la realeza y las mujeres confinadas en los harenes". La destilación permitió separar las sustancias según su volatilidad y conseguir perfumes más exactos, más puros y de mayor intensidad.

Los griegos aprendieron el uso de los perfumes de los egipcios y le dieron otras aplicaciones. Entre los siglos VII y V a. C., los alfareros rodios fabricaron gran cantidad de frascos de perfume con la forma de cabezas de caballos, aves y hombres, entre otros, que se encuentran en yacimientos por todo el Mediterráneo. En la *Ilíada* y la *Odisea* se dice que se usa el perfume no solo porque genera un aroma agradable, sino para atraer y seducir a otra persona, y se cuenta que, cuando los dioses visitan a los humanos, queda en el ambiente un olor a ambrosía como prueba de su presencia divina. También hay un lugar para los malos olores y, así, como resultado del castigo por la ira de Afrodita, las mujeres de Lemnos desarrollaron un olor repugnante que hizo que sus maridos buscaran refugio en los brazos de las jóvenes esclavas tracias. Las mujeres llevaron tan mal la traición de sus esposos que una noche degollaron a todos los hombres de la isla. Desde entonces, Lemnos fue una isla sin hombres, gobernada por la reina virgen Hipsípila, hasta que Jasón y sus argonautas llegaron a la isla y acabaron con el periodo de celibato.

En la mitología griega, los Inmortales eran los responsables de la invención de los perfumes. Los seres humanos supieron de ellos por una indiscreción de Aeone, una de las ninfas de Venus. Helena de Troya había conseguido su belleza de un perfume secreto, cuya fórmula le había revelado la propia Venus.

Desde una perspectiva más cercana a la ciencia, Aristóteles dijo que los olores no eran objetos, sino formas inmateriales o "especies" que emanaban de un objeto. Buscando cuál era la naturaleza de un olor, el filósofo llegó implícitamente a la respuesta de cuál era el órgano del olfato, sugiriendo que respirar era parte integral de la olfacción. Teofrasto argumentó que, aunque los olores eran inherentemente ambiguos, uno podía concluir que los malos olores se originaban de cosas malas y los olores agradables de cosas buenas. Galeno tomó las ideas sobre el olfato de Aristóteles, las llevó un paso más lejos y concluyó que el órgano del olfato no era la nariz, sino el cerebro.

Los perfumes también tenían sus detractores en la antigua Grecia; Sócrates los criticaba porque un caballero y su esclavo olían igual si ambos estaban perfumados. Añadía que los únicos olores que merecía la pena llevar eran el que resultaba de una higiene adecuada y el "aroma de la gentileza", pero a pesar de una imagen tan sobria, el uso de perfumes fue tan enorme, y los excesos económicos, tan insultantes, que Atenas aprobó leyes en el siglo VI a. C. para restringir su uso. Aun así, con el avance de la civilización griega, los perfumes se fueron popularizando como signo de sofisticación y nivel social. Los perfumeros desarrollaron aromas específicos para distintas partes del cuerpo y las ropas se guardaban en armarios perfumados, importándose nuevas plantas aromáticas de Oriente.

Los perfumes y el incienso también estaban presentes en las vidas de los grandes enemigos de los griegos, los persas. Los altares de los seguidores de Zoroastro, el líder religioso del siglo VI a. C., tenían fuegos sagrados a los que se añadían maderas nobles y perfumes cinco veces al día. Los actuales zoroastrianos alimentan sus fuegos sagrados con madera de sándalo.

En la antigua China, los perfumes no iban ligados al cuerpo, sino a los espacios, y se consideraban una herramienta para desinfectar y purificar. Las flores con aroma eran una parte importante de los jardines tradicionales y las mujeres nobles perfumaban sus manos con mandarinas, pero hasta las dinastías Sui y Sung no hay un uso habitual de perfumes personales, que llegaban entonces a través de la Ruta de la Seda. En la última dinastía, Qing, el emperador, llevaba una bolsa de perfumes, probablemente un amuleto relleno de hierbas aromáticas. Los ingredientes de los perfumes chinos no son específicos, sino que, a menudo, se usan para otros propósitos, como preparar comida y medicinas.

Los perfumes también formaban parte de la vida cotidiana de los romanos, al menos en las clases nobles. Muchas recetas de perfumes griegos y romanos han sobrevivido, pues aparecen detalladas en obras tales como la *Historia natural* de

Plinio el Viejo. Curiosamente, esta descripción era parte de una "condenación" de los perfumes, pues los escritores tradicionales los veían como algo antirromano, un ejemplo del lujo y la molicie que llevaba a las clases altas a la disipación y al vicio y que ponía en peligro la supervivencia de Roma e incluso de sus perfumados usuarios. Plinio contaba el caso de un aristócrata que se había escondido de sus enemigos y había sido descubierto por el aroma que exhalaba. Todos los yacimientos romanos importantes están repletos de pequeñas botellas de perfume que eran, al parecer, un síntoma de hospitalidad para los invitados que se acercaban a cenar. Cuando un invitado llegaba a un banquete, el principal acto social de los particulares, se le obsequiaba con uno de esos hermosos frascos de perfume, y si eso era demasiado caro para el anfitrión, existían recipientes con agua perfumada para lavarse antes de empezar a cenar. Las personas pudientes tenían velas aromáticas en sus casas y eran enterradas con un frasco de perfume; los más pobres se tenían que conformar con que se pintase uno en su ataúd. También se ha identificado la casa de un perfumero entre las ruinas de Pompeya.

La base de los perfumes de esta época era aceite de oliva, al que se le iban añadiendo plantas y maderas siguiendo un protocolo perfectamente calculado. Después, la mezcla se dejaba madurar para que el aceite fuera absorbiendo las esencias de los componentes, formando lo que todavía llamamos "aceite esencial". La importancia económica de la industria perfumera era tal que se calcula que en torno al año 100, los romanos importaban unas 2.800 toneladas de olíbano al año, una resina aromática que se utilizaba para perfumar la planta de los pies en los baños públicos.

El uso de perfumes se asoció a la expansión del imperio. La conquista de Grecia, Egipto y los países de Levante llevó nuevas fragancias y nuevos ingredientes a los templos y mansiones de los romanos. Se generaron grandes rutas comerciales y se desarrollaron nuevos usos para los perfumes, como cremas de belleza y productos para el cabello. Los perfumes eran diferentes para las distintas partes del cuerpo: la menta era la preferida para los brazos, el aceite de palma para la cara y los pechos, el extracto de mejorana para el cabello y las cejas y la esencia de hiedra para las rodillas y el cuello. También se añadían pétalos de violetas, rosas y otras flores en los vinos que, por otro lado, debían de ser agrios y bastante malos.

También la decadencia del Imperio romano estuvo ligada a las sustancias aromáticas. En el año 408, cuando Alarico, rey de los godos, conquistó y saqueó Roma, pidió tres mil libras de pimienta como rescate por la ciudad, y cuando los genoveses capturaron Cesarea, cada soldado recibió dos libras de pimienta como su parte del botín.

Las culturas islámicas trajeron a Europa dos avances importantes: la destilación inventada en Oriente y la incorporación de nuevas materias primas. La expansión del cristianismo y el colapso económico tras la caída del Imperio romano habían acabado con el uso generalizado de los perfumes, que pasaron a un ámbito a la vez religioso y práctico. Las grandes catedrales usaban incensarios para honrar a Dios y para eliminar el mal olor de los peregrinos y las gentes que vivían dentro de la catedral. Los árabes, en cambio, seguían usando perfumes en su vida cotidiana y en sus ceremonias religiosas. Tres de los componentes más valorados eran el almizcle —una sustancia de fuerte olor, segregada por una glándula del ciervo almizclero—, el agua de rosas —inventado supuestamente por Avicena— y el ámbar gris. Eran materiales ideales para el comercio, de alto valor, relativamente fáciles de conservar y de poco peso.

Las rutas de caravanas y marítimas con África y Oriente hicieron llegar a las capitales del Imperio islámico resinas, especias, hierbas, maderas preciosas y fragancias animales. La mayor demanda impulsó el cultivo de las plantas necesarias para purificar las fragancias, en particular la rosa y el jazmín. Otras plantas, como los naranjos, las importaron desde el sudeste asiático y las plantaron en sus territorios. Los perfumes también se convirtieron en un elemento de purificación, higiene y perfección personal.

Mahoma dejó escrito que "tomar un baño cada viernes es obligatorio para todo hombre musulmán que ha llegado a la edad de la pubertad y también limpiar sus dientes con miswak (un tipo de rama empleada como cepillo) y el uso de perfume si está disponible". Se dice que los árabes echaban extractos florales a la argamasa con la que construían las mezquitas y buscaban nuevas formas de fabricación y perfeccionamiento de los perfumes. Se mejoraron los sistemas de extracción, elaboración y filtración, lo que permitía recoger esencias de plantas en un vapor que luego era disuelto en agua o en aceite. También se elaboraron recetas basadas en una mezcla armoniosa de perfumes que conseguían un grado mayor de calidad y sofisticación.

Grandes químicos como Jabir Ibn Hayyan y Al-Kindi mejoraron las técnicas de destilación, evaporación y filtración para recoger los aromas en agua, alcohol o aceite. Al tiempo, llegaban sustancias perfumadas de civilizaciones remotas: canela de África; nardo y cardamomo de la India; jengibre, nuez moscada, azafrán y clavo de Indonesia. Siglos después, algunos de esos productos serían la justificación para los viajes de Colón y Magallanes. El mundo se descubrió siguiendo el rastro de los aromas y los perfumeros se entremezclaron con los alquimistas, formando una fraternidad a menudo autodidacta, que mantiene sus fórmulas secretas y que venden a los poderosos perfumes, venenos y antídotos.

En las zonas cristianas, por el contrario, el uso de perfumes se redujo y quedó limitado a los nobles y a las iglesias, los únicos que podían permitirse unos productos importados. Por otro lado, el mal olor se une al demonio y al pecado. Para San Felipe Neri, al parecer, los herejes emanaban tal pestilencia que tenía que volver la cabeza asqueado por su olor. El interés por los aromas volvió a aumentar en los reinos cristianos con las cruzadas, donde el contacto con una civilización mucho más sofisticada como la de los árabes impulsó el interés entre los poderosos por rodearse de aquellos lujos. España, punto de contacto e intercambio entre ambos mundos, fue al parecer el país de Europa que desarrolló los guantes perfumados. El sistema gremial hizo que también se desarrollara un tipo de artesanos, los maestros perfumeros, que eran los especialistas en el manejo de las sustancias fragantes. Al disponer de personal especializado se fueron creando nuevas fragancias como la lavanda, el agua de violetas, el azahar y el almizcle.

La industria árabe del perfume llegó a Occidente por tres vías, a través de Al-Ándalus, por los cruzados que retornaban a sus patrias tras combatir en Tierra Santa y a través de Hungría. Aunque a veces los vemos como dos mundos en guerra constante, los intercambios comerciales eran muy importantes. Un ejemplo fue Marco Polo, que llegó hasta la China de Kublai Khan y vio asombrado que allí usaban como moneda papel de seda perfumado. El gremio de pimenteros de Londres comerciaba con sus colegas musulmanes en especias, ingredientes para perfumes y colorantes. La reina Elizabeth de Hungría usó el primer perfume moderno, fabricado con una base de alcohol y plantas aromáticas, probablemente romero y menta, y que fue conocido como Agua de Hungría. Los nobles llevaban una poma, una bola aromática colocada dentro de una joya con aperturas que permitía proteger de la infección y limpiar el aire de alrededor, y que llevaba civeta, castóreo, almizcle y ámbar gris. También se colocaban saquitos aromáticos entre las ropas.

La siguiente etapa de la industria perfumera fue, como en otras disciplinas artísticas, el Renacimiento italiano. Los perfumistas de Florencia y Venecia, en estrecho contacto con el comercio de Oriente, crearon el *aqua mirabilis*, una sustancia clara hecha con un 95% de alcohol y dotada de una fuerte fragancia. Durante varios siglos, los perfumeros venecianos fueron el centro del comercio mundial de perfumes, pero su influencia se extendió a otras ciudades Estado italianas como Milán o Florencia. Los perfumeros de los Médici tenían unos doscientos ingredientes procedentes de plantas (aceites esenciales, gomas, polvo de corteza, especias) y de animales. Esa sofisticación desembocó en Francia cuando Catalina de Médici llegó a la corte de París llevando a su perfumero privado, René el Florentino. Su laboratorio estaba conectado con los apartamentos de la reina por un pasadizo secreto, de manera que nadie pudiera probar un perfume antes de que Su Majestad lo conociera y que las fórmulas no pudieran ser robadas o imitadas antes de llegar al tocador real. El perfume más famoso era a base de azahar y bergamota, pero también se crearon guantes perfumados con almizcle y civeta que causaron sensación. Gonzalo Fernández de Córdoba, el Gran Capitán, en sus famosas cuentas, pedía guantes perfumados para que sus hombres superasen el hedor de los cadáveres de las batallas que ganaban. El hecho de que Catalina fuese acusada de asesinar gente usando guantes perfumados con veneno aumentó aún más su fama y la fascinación por los perfumes.

Las antiguas ideas que relacionaban herejía y mal olor hicieron que este fuera una herramienta de identificación de brujas a finales del siglo XVI. Al mismo tiempo que se da la asociación entre lo demoniaco y los malos olores (putrefacción, azufre, heces), existe la contraria y se extiende el buen olor a la santidad. Distintos santos, como Santo Domingo o Santa Teresa de Jesús, exhalaron olores maravillosos cuando sus cadáveres fueron exhumados para trasladarlos.

Francia continuó su liderazgo en el ámbito de la industria perfumera bajo la dinastía de los Valois, que perfumaron las aguas del baño, las ropas, las joyas, incluso los loros de la corte. La de Luis XV fue llamada "la corte perfumada" y el rey demandaba cada día un aroma diferente en sus aposentos. Como todos los fabricantes de productos exclusivos para los reyes, los perfumeros recibieron numerosos privilegios y el aumento de producción hizo que sus productos se usaran cada vez más por las clases burguesas. Al mismo tiempo, las nuevas rutas abiertas por los españoles facilitaron que llegasen a Europa nuevas fragancias, en particular el coco y la vainilla.

Los franceses fueron consolidando su industria perfumera, que los Borbones sumaron a la industria del lujo (tapices, vestidos, jardines, cristales, etc.), aumentando su exportación a los demás países. Los perfumeros galos organizaron sus suministros de materias primas y favorecieron la creación de grandes plantaciones de lavanda en el sudeste francés. Los guantes perfumados se convirtieron en un accesorio imprescindible de las clases nobles, tanto por el placer de un buen aroma como por medida sanitaria, para enmascarar los olores corporales y ponerse a salvo de los olores pestilentes que transmitía la enfermedad. Las pelucas, también perfumadas, eran igualmente una herramienta sanitaria: se podían hervir para eliminar los piojos.

El imperio cambió muchas costumbres, pero con la subida al poder de Napoleón, las exorbitantes compras de perfumes aumentaron. Se dice que el emperador usaba dos botellas diarias de extracto doble de jazmín, así como importantes cantidades de colonia de violetas. Sus botas tenían un compartimento para un frasco de perfume. Su esposa Josefina prefería olores menos florales y era una firme partidaria del almizcle. Se afirma que, sesenta años después de su muerte, este aroma animal todavía se notaba en su habitación.

Aun así, durante la Ilustración algunos pensadores consideraron que había que priorizar los sentidos "nobles", como la vista y el oído, frente a los sentidos "menores", como el olfato, el tacto y el gusto. De hecho, algunas figuras como Hegel y, posteriormente, Freud vieron los sentidos químicos, el olfato y el gusto, como algo que nos emparentaba con el mundo animal, pues las sustancias entraban en nuestro cuerpo sin nuestro "permiso", mientras que, por el contrario, la vista y el oído permitían cierta distancia entre lo que era percibido y la persona que lo percibía, y la persona podía elegir lo que miraba y lo que no. Aun así, los perfumes siguieron como artículo de la industria del lujo, objetos que permeaban desde las cortes reales a los nobles, a las clases acomodadas de la sociedad.

La fabricación de fragancias recibió un nuevo impulso con el progreso de la química a lo largo del siglo XIX. Por un lado, se produjeron aromas de síntesis, lo que aumentó las opciones disponibles para los perfumistas, abaratando también los precios, y, por otro, se desarrollaron los perfumes con una base de alcohol. Los avances en la química orgánica posibilitaron la purificación y síntesis de algunas de las principales moléculas odorantes, y las variaciones inducidas en el laboratorio permitieron crear nuevas moléculas no naturales, pero de características atractivas para los consumidores, y purificar las complejas mezclas naturales e identificar sus componentes principales (geraniol, mentol o limoneno, por ejemplo).

En 1868, el químico Perkin sintetizó la principal fragancia de la semilla del haba tonka (*Dipteryx odorata*), la cumarina. Este producto, que recordaba al aroma del heno recién cortado, se incluyó en Fougere Royale, uno de los perfumes más famosos de Houbigant. Poco después, Reimer iniciaba la producción industrial de vanillina, Baur creaba el almizcle artificial y Tiemann sintetizaba el principio aromático de las violetas, la ionona, que el gran perfumista François Coty incluía en su L'Origan en 1905. Estos aromas sintéticos sustituyeron a las moléculas naturales, que eran difíciles de encontrar o demasiado caras por su escasez. Eran, además, más fiables, más fácilmente replicables y más uniformes. Este proceso se produjo en paralelo a la síntesis de nuevos colorantes sintéticos y acabó con el artesano perfumero para sustituirlo por una auténtica industria.

Guerlain y Coty fueron las primeras empresas en producir perfumes de forma masiva. Según la leyenda, François Coty inició la propaganda de los perfumes en 1905 cuando, enojado con unos grandes almacenes que habían declinado comprar sus productos, rompió un frasco contra el suelo. Alertados por el escándalo y por el aroma liberado, los clientes corrieron a comprar su fragancia. Él fue también el inventor de una de las estrategias comerciales más exitosas en la industria perfumera: vender su fragancia solamente en pequeños frascos, dando un mensaje subliminal de su escasez y exclusividad; fue de igual modo el primero de los perfumeros en usar productos sintéticos junto con las esencias naturales, algo que permitió que colonias y perfumes se convirtieran en un lujo asequible a las clases medias, y fue también el inventor de la caja de fragancias, un paquete donde se incluían distintos productos de higiene con el mismo aroma.

Los felices años veinte vieron el nacimiento de algunas de las fragancias más emblemáticas. Ernest Beaux creó Chanel nº 5 para Coco Chanel en 1921. Este perfume tiene una base de madera de sándalo y raíz de vetiver, un corazón de jazmín y rosa y una nota superior de ylang-ylang y azahar. Gabrielle Coco Chanel pensaba que nadie lo compraría, así que en principio era un regalo para las clientas, que debían ponérselo en el lugar donde querían que las besaran; una muestra más del increíble instinto comercial que tenía. Chanel fue pionera en unir los perfumes a un concepto emergente: la moda; ahora se vende un frasco cada medio minuto.

Guerlain creó Shalimar en 1925 y lo volvió a lanzar al mercado en 2001, pero es posible que su gran éxito fuese Jicky, con el que dicen que nace la perfumería moderna, un perfume tan raro, tan contrario a las aguas de colonia y los perfumes florales que estaban en boga hasta entonces, que se comentaba —otro ejemplo de propaganda— que solo los dandis homosexuales de París se atrevían a usarlo. ¿A qué olía? A sucio, a bohemia, a desasosiego, según decían. Shalimar, en cambio, tenía un toque oriental y femenino con iris, vainilla y rosas. Se considera un ejemplo de la calidad de los perfumes de Guerlain, que —de nuevo el marketing— incluyen un ingrediente secreto, la llamada *guerlinada*. En 1932, Dana creó Tabú, y Worth, Je Reviens; en 1934, Elizabeth Arden llevó a las estanterías su Blue Grass y Jean Patou lanzó Joy en 1935. Todos siguen a la venta a día de hoy. Más tarde, Molyneux, Schiaparelli y otros diseñadores empezaron a producir perfumes exóticos para competir con Chanel. En 1944, Rochas lanzó Femme.

La perfumería siguió trabajando con el poder evocativo del olfato y nuestra sorprendente pasión por la exclusividad. A veces, una molécula individual, lo que se llama un "aromaquímico", podía generar una fortuna. Edmond Roudnitska compró los derechos exclusivos para una molécula llamada hediona (metil dihidrojasmonato) en 1966 y con ella lanzaría uno de los clásicos del siglo XX, Eau Sauvage. Muchas otras moléculas aparecen y desaparecen en un sistema comercial con una enorme rotación. Otros ejemplos de éxito fueron el dihidromircenol, de un intenso olor cítrico, o las muchas colonias deportivas inspiradas por el Cool Water creado por Pierre Bourdon.

El perfume nos llega de maneras que apenas entendemos. El olor de la vainilla, que gusta a casi todo el mundo, se parece al de la leche materna, mientras que la madera de sándalo, característica de las colonias masculinas, huele parecido a la testosterona. Los Guerlain decían que la civeta era el verdadero aroma de una mujer, mientras que otros les superaban diciendo que los cuatro tipos de fragancias base que definían los cuatro tipos de mujer eran almizcle, civeta, ámbar gris y castóreo. Desde hace siglos, los perfumes se han asociado a atracción, y prácticamente todos los anuncios tienen referencias sexuales bastante explícitas. Luca Turin, químico y crítico de perfumes, escribió: "Nadie murió por ponerse Mitsouko, pero montones de bebés nacieron a causa de él".

El lujo se veía también en los envases. En una escalada sin final, Baccarat encargó un frasco a Salvador Dalí para su Roy Soleil. El tapón tenía forma de sol con pájaros volando creando una especie de rostro, la botella era del color del mar y la caja tenía forma de concha forrada de seda, "una referencia al nacimiento de Venus, un sumatorio absoluto de la femidad renacida tras los años de guerra". Tras la odisea del programa Apolo, Yves Saint Laurent sacó Rive Gauche en un futurista recipiente de aluminio.

Francia mantuvo su posición de liderazgo hasta la Segunda Guerra Mundial, cuando Estados Unidos, que se quedó con las patentes alemanas como botín de guerra, lanzó a nivel mundial su propia industria perfumera. No obstante, la fabricación de moléculas odorantes a bajo precio ha hecho que estos dos países se hayan quedado con la mayor parte de la industria del lujo, aunque países emergentes han desarrollado una industria propia con productos de menor valor añadido. Por otro lado, los olores personales empezaron a ser cada vez más denigrados. Las clases trabajadoras, las minorías étnicas, los ancianos y los habitantes de las zonas rurales eran criticados por su olor. Eso hizo que fuera surgiendo un proceso de asimilación en el que los inmigrantes, por ejemplo, eran fumigados y lavados, lo que se explicaba como un avance, un signo de civilización. Este proceso se reforzó con la epidemia de polio en algunos países europeos, pero sobre todo en Estados Unidos, en la primera mitad del siglo XX. La limpieza había demostrado su eficacia contra muchas enfermedades infecciosas, pero con la polio no fue así: el número de personas infectadas, niños sobre todo, no paraba de crecer. Por eso se inventaron objetos para extremar esa limpieza que forman parte ya de nuestra vida cotidiana: sábanas más largas para cubrir la parte superior de la manta, jabones desechables en los hoteles, retretes de porcelana blanca, colutorios bucales, papel higiénico y un enorme etcétera.

El olor personal, que había pasado de ser normal a ser propio de una clase inferior, ahora era un mensaje de peligro, de poca higiene, de posible contagio. Los comercios de productos para el hogar se llenaron de nuevos productos de limpieza, cada vez más perfumados con olores supuestamente naturales (pino, limón, mar, menta...), que se fueron aplicando a los jabones de uso personal y, de ahí, a la ropa, el hogar, las mascotas, los coches y cualquier otro producto de consumo que se acercase al cuerpo. La industria perfumera abrió enormemente su espectro de productos y creó aromas para todo, desde los perfumes más escandalosamente caros hasta arena para gatos.

Tras la Segunda Guerra Mundial surgieron nuevas fragancias, más ligeras y frescas, pensadas para las clases medias y para usarse en cualquier momento de cualquier día. Dior fue quizá el ejemplo más claro; también fue entonces cuando las compañías empezaron a usar a mujeres famosas para promover sus colonias, pues sus rostros, admirados en la gran pantalla, eran el reclamo perfecto para las campañas comerciales. Durante la primera mitad del siglo XX, las compañías perfumeras francesas lanzaban pocos productos, generados por unos artistas, los "narices", que creaban obras originales reconocidas en todo el mundo. Sin embargo, en la década de 1970 el patrón cambió, con nuevas técnicas de venta y con una inversión mayor en publicidad y comunicación y en frascos y envases que en el propio perfume. La tendencia era producir un alto número de nuevos productos, fabricarlos en grandes cantidades y generar versión tras versión, copia tras copia, de los mismos perfumes.

El perfumero Edmond Roudnitska lo definió como una "cacofonía olfatoria", ejemplificada en una caída en la calidad de los productos y un descenso en la creatividad. La perfumería se había convirtiendo en un gran negocio multinacional. Las cuatro grandes firmas Firmenich, Iff, Givaudan y Symrise tienen cientos de químicos orgánicos trabajando junto a expertos en mercadotecnia y publicidad para fabricar tanto fragancias como moléculas individuales para vender a las industrias perfumeras más pequeñas. Muchas de estas fueron compradas en la crisis de los ochenta por gigantes del lujo o la cosmética.

A pesar de estos vaivenes de la industria perfumera, la importancia de los olores fue creciendo y se exploraron nuevos ámbitos. El *Wall Street Journal* habló en su portada sobre J. M. Knight, dueño de una pequeña empresa especializada en la creación de aromas "extraños" y "malvados" para una variedad de temas educativos, museos y aplicaciones comerciales. Entre otras, sus 300 creaciones recordaban el olor de vestuarios, meteoritos, momias, olor corporal, respiración de dragón, huevos podridos, puros habanos, hierro fundido, la cocina de la abuela, una estufa de carbón, flatulencias y, quizá el más complicado, el "prisionero de guerra japonés", donde mezclaba aromas tropicales y olor a sudor de pies. El artículo comentaba que el olor del éxito no siempre es dulce. Una empresa inglesa vende "olor a coche nuevo", que de forma quizá no muy sorprendente se utiliza por algunas compañías que venden coches usados. La misma empresa ha creado otros aromas, como uno a "sacrificio humano" para una producción teatral de Edipo, u otro a marihuana para la fiesta tras el estreno de una película. En California, otra empresa ha creado olores a "aceite de máquinas" y "selva tropical", mientras que su "algodón de azúcar malvado" se usó para una casa embrujada en un parque de atracciones.

Al día de hoy, el mercado se ha concentrado en seis grandes compañías productoras de perfumes. Cada una tiene balances contables de miles de millones de euros y son las que mayoritariamente crean nuevas moléculas, nuevas mezclas aromáticas y nuevos productos con olor. Las demás compañías, dispersas por todo el planeta, compran notas básicas y crean con ellas nuevos perfumes mezclándolas en dosis adecuadas. Las posibilidades de esta combinatoria son infinitas, pero, en general, como ya hemos mencionado, hay unas 1.000 colonias activas en el mercado y se añaden unas 200 nuevas cada año. Muchas de ellas son copias de fragancias que ya han tenido éxito, por lo que mezclan una experiencia conocida con la sensación de novedad. Cada una de ellas tiene de 50 a 250 ingredientes y, evidentemente, la mayoría desaparecen en la temporada siguiente.

En la actualidad, nuestra sensibilidad olfatoria está invadida por la quimicalización de nuestra comida y nuestro ambiente y por la proliferación indiscriminada de los olores artificiales. El mundo aromático natural se ha visto contaminado por el mundo industrial y mucha gente no puede oler un limón sin pensar en una cera limpiamuebles o en el detergente de la fregona. La sobresaturación ha comprometido nuestra habilidad para apreciar los olores naturales, complejos y sutiles al mismo tiempo.

La creación de un perfume

Muchos asemejan el trabajo del perfumero al de un músico: los olores simples son sus notas y los mezcla jugando con su intensidad y su duración. Muchos aprendices siguen el método Givaudan, creado por el perfumero francés Jean Carles, quien utiliza una matriz donde cada fila es una familia de fragancias: cítricas, a madera, especias, y cada columna es una sesión de formación. En la primera sesión exploran una columna (aceite de limón, aceite de madera de sándalo y aceite de clavo, por ejemplo). En la segunda sesión los aprendices huelen nuevos ejemplos (aceite de bergamota, aceite de madera de cerebro y aceite de corteza de la canela). Este proceso sigue durante nueve sesiones más, al término de las cuales los estudiantes tienen claro las diferencias olfatorias entre familias. A partir de ahí, empieza una fase más compleja centrada en distinguir las variaciones de una misma familia. Ahora los estudiantes siguen las filas y deben distinguir cada uno de los componentes en cada una de las familias. En la de los cítricos, por ejemplo, tienen que distinguir limón, bergamota, etc.

Junto a esto, se utilizan metodologías químicas. Los nuevos perfumes se analizan con cromatografía de gases y espectrometría de masas. Algunos llevan moléculas de origen animal, pero, aunque la complejidad química es mayor, son bastante conocidos, por lo que pueden ser identificados con rapidez por un buen químico analítico. Las fragancias sintéticas pueden ser desconocidas, aunque son más simples químicamente, pero la cosa se complica cuando se utilizan lo que se llaman moléculas "cautivas", que la compañía madre considera muy prometedoras. Estas están protegidas por patentes y no se han puesto a la venta para el conjunto de la industria, aunque prácticamente siempre hay alternativas. Armados con toda esta información, la mayoría de los perfumeros pueden duplicar una fragancia en unos días y por eso se crean perfumes piratas, más o menos conseguidos, que nos ofrecen en los mercadillos con la asombrosa excusa de que provienen de un robo. Clonar un perfume caro puede ser más complicado si contiene muchos ingredientes naturales, porque son mucho más complejos de identificar y a veces de conseguir.

En otra parte de la mesa, el perfumero tiene un conjunto de "notas". Son materiales en crudo. En general, los producen empresas especializadas en la fabricación o purificación de materiales en bruto y, lógicamente, su esperanza comercial es que alguno de ellos entre en la producción de alguno de los nuevos grandes lanzamientos. Incluso con una participación tan baja como el 1%, si el producto encaja en uno de éxito, eso puede significar pedidos de toneladas de, por ejemplo, esencia de jazmín. Los productos naturales tienen la ventaja de la complejidad de sus aromas, de su riqueza sensorial. Son ya pequeñas sinfonías en sí mismos. El problema de las esencias naturales es que a menudo son caras y, además, la disponibilidad puede ser limitada. A continuación, una vez compuesto un perfume, la fórmula va al departamento económico de la empresa que tiene que hacer números, costes, diseño de envase y comprobar si les gusta a los usuarios.

Los perfumes están hechos de una base de alcohol etílico desnaturalizado —para que no se pueda beber— y aceites esenciales. Las proporciones entre el alcohol y las esencias van a marcar la calidad ¡y precio! de los distintos tipos de fragancias comerciales: un perfume tiene un 78% de alcohol y un 22% de aceites esenciales; un agua de perfume tiene entre un 15 y un 22% de aceites esenciales; un agua de *toilette* (agua de baño) tiene entre un 8 y un 15% de aceites esenciales. Un agua de colonia tiene en torno a un 4% de aceites esenciales, mientras que los que quieran algo más sutil y, normalmente, más barato, tienen el agua fresca, con entre un 1 y un 3% de aceites esenciales, la mayor dilución de una fragancia.

Pero las fragancias no están solo en nuestros perfumes y colonias; están en todos los jabones y detergentes, en la pasta de dientes, el champú, el betún, la crema para los labios, la cera para los muebles, el espray para las moscas y el abeto de fieltro que cuelga del retrovisor en el interior del coche. Incluso muchas de las cosas que tenemos y que, aparentemente, no huelen a nada llevan un discreto aroma.

La mayor parte del negocio de la industria perfumera no suelen ser las fragancias caras, sino lo que podemos denominar perfumería "funcional". Prácticamente todos los productos de limpieza personal y del hogar, del suavizante a los pañuelos de papel, llevan un aroma. Esos productos deben ser de coste bajo, en torno a 15 euros por kilo máximo.

En cualquier caso, tenemos que tener claro que el sentido del olfato siempre se considera "menor". Por poner un ejemplo, una compañía de seguros del Reino Unido daba en 2008 una estimación para las indemnizaciones por accidente entre 14.500 y 19.100 libras por la pérdida del olfato, mientras que la cifra aumentaba a entre 52.950 y 63.625 por la pérdida de oído y hasta 155.250 libras por la pérdida de la vista (Fox Claims, 2008). De hecho, si se les pregunta qué sentido preferirían perder llegado el caso, muchas personas eligen el olfato. Sin embargo, quienes lo pierden comentan a menudo que no se habían dado cuenta hasta entonces de la importancia que tiene y de la pérdida de calidad de vida que supone su daño. Esa diferencia se agudiza si la persona afectada realiza una actividad profesional donde el olfato es crucial, como en el caso de los cocineros, sumilleres, bodegueros, etc.

La perfumería es el octavo arte, un oficio vivo capaz de cambiar, de mezclarse con nuestro olor natural y de desaparecer. Tiene una cierta magia. Para oler un perfume, este tiene que desaparecer, tiene que moverse en el aire hasta llegar a nuestro olfato. Ese delicioso aroma se debe a la evaporación de moléculas, algunas rápidas y transitorias como el aceite de lima o de pomelo; otras de evaporación más lenta, como el ámbar, el civet, las maderas, el almizcle. Un gran perfume es una obra de arte efímera, como la interpretación de un gran músico, algo que sucede en un momento, que, con suerte, se disfruta y que desaparece. La perfumería es también un arte social. Oler bien es un mensaje claro de que hemos hecho un esfuerzo para agradar, para que nos quieran, es la última razón de muchas cosas.

Olfato en el supermercado

El mundo de los negocios siempre ha sido consciente de la importancia que tienen los olores, buenos y malos, para el consumidor. La mayor parte del esfuerzo comercial ha ido destinado a luchar contra el mal olor, en particular contra el olor corporal. La industria de desodorantes, perfumes, geles de baño, champús, etc., es una parte sustancial de nuestras vidas y nuestras economías. El mismo proceso se ha extendido a nuestras posesiones: ropas, muebles, suelos, cristales, todos son tratados con productos de olores definidos.

El mundo de la publicidad, de la promoción, de la imagen de marca se ha centrado mayoritariamente en dos sentidos: la vista y el oído, pero el olfato parece ser la nueva frontera, un ámbito que hasta hace poco había pasado desapercibido.

En Nueva York se produjo una pequeña conmoción cuando la prensa publicó en 2011 que los aromas de chocolate y pan de una famosa tienda de comestibles situada en Brooklyn eran artificiales. No los producía un chocolate fundiéndose o una hogaza aún caliente recién sacada del horno, sino que eran sintetizados en un laboratorio y bombeados por una máquina. La noticia generó un revuelo que hacía la loa habitual al mundo perdido de las cosas naturales, del tendero de barrio, de esa vida bucólica donde las manzanas sabían a manzana, sonaban a manzana y olían a manzana. Que prefiramos comprar en supermercados porque es más cómodo y barato, que nuestros hijos tengan los paladares acostumbrados a los sabores y aromas de la comida industrial y la leche recién ordeñada o el pollo de corral les resulten demasiado fuertes o que arruguemos la nariz ante frutas con marcas y señales es algo que a menudo preferimos obviar. Compramos fundamentalmente con la vista, porque por algo somos animales visuales.

El revuelo de la tienda de comestibles, sin embargo, abrió una ventana a un mundo, el del marketing basado en el olfato, que había pasado en gran medida desapercibido. En realidad, la promoción de productos, la publicidad y el *branding* se basan de forma casi exclusiva en la vista y el oído, lo que hace que estos dos sentidos estén saturados y se vea el olfato como un mundo virgen, aún sin explorar y donde quizá se pueda conseguir esa ventaja competitiva con la que sueñan todas las empresas y se pueda tener una ventaja en las preferencias de los consumidores. Las empresas también prestaron interés a dos aspectos relacionados con la conectividad del sistema olfatorio: por un lado, que tiene una conexión directa con la corteza cerebral, no filtrada por el tálamo, y por lo tanto con un impacto inmediato y no modulado, y, por otro, esa enorme capacidad de suscitar emociones que tiene la información olfatoria.

El resultado ha sido el desarrollo de unas cuantas líneas de negocio: por un lado, nuevas líneas de perfumería, que buscan suscitar impresiones agradables, pero que van más allá de un buen aroma, y lo que quieren, en realidad, es ese mantra moderno de "crear experiencias". Por otro lado, una tecnología de nebulización que convierta fragancias, que a menudo son aceites, en vapores secos, que no dejen mancha y que se distribuyan adecuadamente en grandes superficies. Con objeto de evitar una inversión importante, la mayoría de los olores se distribuyen en espacios pequeños con aparatos de ventilación y, en espacios más grandes, a través de los sistemas de aire acondicionado.

Como es común en estos casos, el interés comercial ha llevado al desarrollo tecnológico fundamentado en la investigación, en particular en Estados Unidos. Cinco compañías en ese país controlan en torno al 80% del mercado mundial de los aromas y alrededor de un 10-20% de las superficies comerciales han decidido invertir algo de presupuesto en aromatizar sus locales. El objetivo va más allá de atraer hacia ese producto concreto —aunque algunos con un olor muy característico, como los bollos con canela, han demostrado que las ventas aumentaban al favorecer que los clientes tuvieran esa experiencia olfatoria—, ampliándose hacia algo más difuso y a la vez más impactante, como que la gente se sienta mejor mientras compra, lo que lleva en muchos casos a gastar más dinero.

Aun así, se trata de un mercado que se piensa que tiene un enorme potencial de crecimiento. Las compañías fabricantes de olores o de percepciones olfatorias han preferido ser suministradores para otras empresas, y no han intentado conectar directamente con los consumidores ni han licenciado sus tecnologías. Este es un contraste evidente con el sector farmacéutico, donde existen grandes empresas que sirven directamente al consumidor con grandes programas de I+D, mientras que, al mismo tiempo, hay espacio para empresas pequeñas y emergentes con ideas novedosas y objetivos bien pensados.

Un problema significativo en estos procesos de comercialización es la enorme variabilidad individual en la sensibilidad, en la discriminación e incluso en la evaluación hedónica, es decir, marcar como más o menos agradable un aroma determinado. Hay diferencias tanto étnicas como geográficas y genéticas. Los factores biológicos, incluidas las diferencias en el repertorio de receptores olfatorios que tiene cada persona, pueden jugar un papel importante. Es posible que en no mucho tiempo se puedan desarrollar marcadores biológicos que permitan clasificar a las personas en función de sus preferencias olfatorias, con lo que se podrían crear ofertas especiales de perfumes y productos alimenticios segmentadas y especialmente diseñadas para cada persona, género o grupo de población. Pero, sin esperar a esos desarrollos, ya se están introduciendo los aromas como estrategia comercial. Un estudio realizado por una empresa de productos deportivos mostró que añadiendo aromas a sus tiendas se incrementaba el intento de compra en un 80%, mientras que otro experimento realizado en una gasolinera con un pequeño supermercado adjunto mostraba que difundir aroma de café aumentaba las ventas de esta bebida en un 300%. Una diferencia impactante.

Hay quien critica los aspectos éticos, pues considera que dispersar por un supermercado los aromas del pan recién horneado o el chocolate haciendo creer al cliente que proviene de los productos que están a la venta, cuando no es así, es un ejemplo claro de manipulación. Según otros, no hay que ser tan críticos, la ética comercial de estas propuestas tiene en cuenta la libertad, la autonomía y el bienestar del cliente y hacer que la atmósfera de un supermercado sea más fragante no viola ninguna de estas consideraciones básicas. Añaden que el uso de reclamos es habitual y que no hay más que comparar el aspecto de la fotografía de un plato combinado en el escaparate de un restaurante de bajo precio y la versión real que nos ponen encima de la mesa.

Por otro lado, el olfato tiene algunos problemas y uno de ellos es nuestra dificultad para la identificación, lo que hace que nuestra memoria olfatoria, aunque muy evocadora, sea poco fiable. El grupo de investigación de Hall puso en un supermercado un puesto de degustación. Los clientes que pasaban por allí eran invitados a probar dos variedades de mermelada y de té y tenían que decidir cuál les gustaba más. Nada más decidir cuál era el preferido, les pedían que lo probaran otra vez y explicaran por qué les gustaba más. En ese momento, les cambiaban el contenido de las muestras, así que el resultado de la elección era el contrario al que los participantes habían elegido en primer lugar y que era su favorito. De forma sorprendente, dos tercios de los participantes no notaban el cambio, incluso si los productos eran llamativamente diferentes, como una mermelada de canela-manzana frente a una de pomelo amargo o un té de mango frente a otro con regaliz y anís.

Otro estudio ha comprobado que nuestras expectativas afectan a nuestras experiencias sensoriales. Así, si tenemos agua con gas con sabor a cereza y se le pone una etiqueta que pone naranja, muchos de los voluntarios que la prueban y a quienes se les pregunta hablan con toda normalidad de su sabor o aroma a naranja. Esto pasa con distintos sentidos. Así, si se da un vino blanco con un colorante que lo tiñe de rosa sin modificar su sabor o su olor y se compara con el mismo vino blanco sin colorante, la gente puntúa el vino rosado como más dulce. Es un tema que a muchas industrias alimentarias les causa escalofríos, porque en muchos casos su producto es muy dependiente de la capacidad de discriminación entre ofertas similares y el éxito de su negocio se basa en el establecimiento de una preferencia personal marcada, algo que no es tan fácil como parece. Un ejemplo importante en España es el del vino. Los resultados de una bodega dependen de la percepción por el cliente de una serie de matices olfatorios que lleven a la elección de una marca determinada frente a todas las demás.

Los olores no solo se usan para la promoción de algunos productos concretos. Tiendas, hoteles y locales nocturnos usan frecuentemente aromas para generar un ambiente más seductor y grato para el cliente. De alguna manera, ese olor se convierte en parte de la marca o, incluso más, en una marca olfatoria.

Recientemente, en el mundo publicitario se está empezando a utilizar el sentido del olfato para relacionar una marca a un aroma determinado, de tal forma que el consumidor recuerde ese artículo tan solo con percibir el aroma, debido al gran poder evocador del olfato y su fuerte asociación con la memoria. Es el llamado marketing olfativo, que, dentro del neuromarketing, incluye dos tipos: el primero, relacionado con la utilización de aromas ambientales en locales comerciales (aromarketing), y el segundo, con la creación de un aroma específico para una determinada marca, lo que podríamos llamar un logo olfatorio, es decir, una imagen olfativa corporativa u odotipo. Se trata de crear un "perfume propio" que los clientes asocien a esa marca por el olor del producto. Esta emisión de aromas procedente de un producto o entorno específico hace más vulnerables a los consumidores; se ha comprobado que un olor agradable hace que la persona permanezca más tiempo en la tienda y que su percepción de los productos y el ambiente sea mejor, lo que podría desembocar en un mayor consumo. Alexia de la Morena (2013), en su artículo sobre el marketing sensorial dice que "los seres humanos recuerdan el 35% de lo que huelen y solo memorizan el 5 de lo que ven, el 2 de lo que oyen y el 1 de lo que tocan". Otros tipos de estudios tratan de determinar si algunos aromas pueden aumentar o disminuir la productividad de los trabajadores en una empresa.

Lógicamente, el interés de los olores en el ámbito comercial va directamente ligado a que la experiencia sea positiva. Hay olores que son desagradables para la inmensa mayoría de la gente (excrementos, putrefacción, gas, vómito) y que normalmente van a transmitir un mensaje de peligro, de riesgo para la salud, pero la inmensa mayoría de los olores son neutros y su significado va a depender de su conexión con una experiencia determinada. Si nuestra estancia en un hotel fue un desastre, si no nos gustaba el alojamiento o la comida o el servicio, y además tiene un olor característico, ese olor tendrá una connotación negativa. Por eso se utiliza normalmente la tecnología de impronta olfatoria, una nueva idea en establecimientos de lujo, que refuerza la sensación de haber vivido una experiencia positiva diseñada para esa marca.

Esparcir olores no supone ningún problema. Las empresas especializadas en el mundo de los aromas instalan sus máquinas y se encargan de recargar los cartuchos con las fragancias. Las cuotas mensuales oscilan de 150 a 300 euros, que en el presupuesto de un gran comercio es una cantidad menor. El mayor problema es acertar con el aroma adecuado. Puede comprarse, igual que elegimos el olor del suavizante de la ropa o de nuestra colonia a partir de un catálogo, o puede encargarse un diseño propio: algo que cuesta de 5.000 a 15.000 euros. El olor óptimo es una auténtica quiniela, pues intervienen factores como edad mayoritaria de los clientes, sexo, preferencias culturales y conexión con el producto. Los expertos del mundo de los negocios añaden que un factor fundamental son los olores de temporada: ¿ha notado que en Navidad en muchos lugares huele a canela? En cualquier caso se trata de un problema complejo, pues los expertos que han instalado máquinas generadoras de aroma en centros comerciales dicen que si aciertas, es algo bueno para el negocio, pero si te equivocas, es peor que no tener ningún aroma "de diseño".

El interés por el olfato está en todos nosotros. El 1 de abril de 2013, April Fools' Day, el día en que el mundo anglosajón hace las bromas que nosotros hacemos el Día de los Santos Inocentes, Google puso una nueva pestaña en su menú (Nose Beta) donde los incautos podían identificar olores, buscar por olores o incluso enviar aromas. Todo ello haciendo la intersección de "fotones y ondas de infrasonidos", lo que "temporalmente alinea moléculas para emular un aroma determinado" y que el programa de indexado había compilado "una base de datos de 15 millones de 'scentibyte' de todo el mundo". Todo era una broma, por supuesto, pero debajo subyacía ese interés que tenemos y no conseguimos por explorar el mundo de los olores, por entender el olor de un "perro mojado" o una "tumba egipcia" y por estar dispuestos a oler un ordenador portátil para conseguir una nueva experiencia olfativa.

El olfato y la cocina

> El olfato es un sentido íntimo. No podemos gustar cosas a distancia, y el modo como gustamos de las cosas, lo mismo que la exacta composición química de nuestra saliva, es algo tan individual como nuestras huellas digitales.
>
> Diane Ackerman, *Una historia natural de los sentidos*

Sin el olfato, la comida no tiene ningún sabor, pues es el órgano primordial del gusto. Las personas que no distinguen los olores tampoco perciben los sabores de los alimentos. El sentido del gusto (sin olfato) da poca información acerca del sabor, pero proporciona datos sobre textura, forma y tamaño de los alimentos. En la cocina, el aroma de un alimento es uno de los factores más importantes; el olfato, junto con la vista, es el responsable de la primera impresión que nos produce y es el que nos anticipa el sabor. Decimos "comer con los ojos" y efectivamente la vista juega un papel importante, ya que, en la vida real, los sentidos trabajan juntos: la visión influye en nuestro sentido del olfato y los olores afectan nuestra capacidad de procesar los estímulos visuales. Pero es principalmente el olfato el que desencadena la producción de los jugos gástricos que abren el apetito. "Hemos pasado de estudiar las propiedades físicas y químicas de los alimentos a entender la psicología y la neurociencia de percibir y disfrutar de la comida", asegura el neurobiólogo Gordon Shepherd, quien ha acuñado el término *neurogastronomía*. Esta nueva área científica multidisciplinar se define como la forma en que el cerebro crea sabor y lo percibe, utilizando factores biológicos, emocionales y culturales.

Shepherd propone que el sentido del olfato ha evolucionado y se ha adaptado principalmente para dar sabor a las comidas. Mientras que los perros detectan los olores en el suelo, los seres humanos adaptan el sentido del olfato para determinar sabores durante la deglución. En otras palabras, el sentido del olfato de un perro está organizado en gran parte hacia el olfato ortonasal (directamente a través de la nariz), mientras que el del ser humano ha evolucionado principalmente para la olfacción retronasal, en la que las moléculas se vaporizan y viajan a través de la boca hacia la nariz.

Otro concepto es la *gastronomía molecular*, implementada en 1988 por el científico francés Hervé This y el físico húngaro Nicholas Kurti, que mezcla compuestos químicos creando una nueva forma de cocina. Se basa en introducir, transformar y elaborar determinados ingredientes en la cocina para crear nuevas texturas junto con sabores originales y distintos de los alimentos. Es un tipo de cocina donde se experimenta con aromas artificiales, creados con componentes químicos que pueden imitar los naturales o crear nuevas experiencias en la percepción cerebral y sensorial de la comida. Las burbujas con aromas son una de las aportaciones más importantes para crear sorpresa en el comensal. Por ejemplo, el chef Ferran Adrià servía uno de sus platos junto con una rama de romero y a los comensales se les pedía oler la rama antes de comer el plato. Aunque, en realidad, la comida no estaba cocinada con romero, el aroma del romero era suficiente para engañar nuestra percepción en el cerebro, haciéndonos creer que sí había romero en la elaboración del plato.

Podemos concluir que la comida no es únicamente una parte importante de nuestra dieta, sino que además es una de nuestras principales rutas al placer. Anthelme Brillat-Savarin, en su tratado sobre el gusto, decía: "El Creador, al obligar al hombre a comer para vivir, le invita a hacerlo por medio del apetito, y le recompensa por medio del placer". Mientras que la gastronomía molecular está más enfocada a las "moléculas del olor", la neurogastronomía se centra más en las moléculas receptoras y las imágenes creadas en el cerebro para el olor.

Existe un gran interés entre ciencia y cocina que además intenta satisfacer un requerimiento emocional asociado al placer basado en olores, sonidos, formas y texturas. Por otro lado, la memoria olfativa se puede aprovechar en la cocina, creando combinaciones de aromas que generen sensaciones exclusivas en el comensal, recuerdos de la infancia, los lugares donde ha vivido, una receta familiar, etc. Un determinado aroma puede desatar mil comportamientos ante una situación determinada: pasiones, disgusto o ansiedad. La razón de ello es que en la percepción de los estímulos químicos (olfato, gusto) coexisten fases que tienen que ver con la bioquímica y la psicología; se produce un conjunto de reacciones bioquímicas entre las moléculas aromáticas y nuestros receptores olfativos y gustativos, lo cual se traduce en una señal eléctrica. El cerebro se encarga de procesar e interpretar estas señales eléctricas transformándolas en olores y sabores. En este proceso tiene importancia el aspecto afectivo, la subjetividad del individuo hacia las sensaciones, emociones y recuerdos que puede despertar en él un determinado olor.

La percepción olfativa es una de las herramientas más importantes que se están incorporando en el mundo de la cocina. Korsmeyer dice: "Incluso el disfrute gustativo más refinado sigue siendo un placer sensorial y, como tal, es inferior al placer intelectual que proporciona la vista o el oído. Por eso, las artes que están relacionadas con la vista y el oído son superiores a las artes que apelan a los sentidos inferiores, como la perfumería o la cocina".

No podemos olvidar la importancia del estudio del olfato en la industria de la alimentación. El sabor, la textura y el color, junto al olfato, proporcionan las propiedades organolépticas de las comidas y bebidas, es decir, producen al comer o beber una experiencia agradable o desagradable. El aroma de distintos productos vegetales, por ejemplo, frutas, se puede considerar un parámetro objetivo de calidad (calidad aromática), de forma que los aromas agradables se interpretan como un indicador de la calidad y buen estado del producto, y los olores desagradables se interpretan como indicadores de la presencia de problemas en el alimento que se va a consumir. Este aroma varía en función de distintos parámetros, entre los que podríamos destacar la intensidad/concentración, los aditivos que aumentan la sensibilidad o que la temperatura haga a los alimentos más volátiles. Durante una cata de vino, el olfato nos va a dar un gran porcentaje en su valoración final, mientras que el gusto nos va a hablar de su acidez y su astringencia, pero poco más.

Los aromas del vino y la cerveza

Ningún otro ámbito de la alimentación ha alcanzado tal pasión por el aroma como el mundo del vino. La diferencia entre los mejores vinos y los peores, un factor que puede multiplicar su precio, es ese conjunto de sustancias volátiles. De las sutilezas de una larga maduración durante años intercambiando moléculas con la madera de roble al acorchamiento o avinagramiento, todo es un tema de odorantes y, para una gran bodega, supone una diferencia de millones de euros. Sin embargo, es importante recordar que lo que llamamos el sabor de un vino o de cualquier alimento es de hecho una mezcla de gusto, olfato, sensaciones trigeminales, temperatura y las propias sensaciones de la boca.

Los aromas de una copa de vino poseen compuestos volátiles y no volátiles. Además, están sujetos a la propia evolución del vino, que es una sustancia viva. Durante la fermentación y los primeros meses de existencia de un vino, las reacciones bioquímicas se producen con rapidez y abundancia, por lo que el aroma de ese vino es muy cambiante. Luego, cuando va madurando y envejeciendo, la actividad molecular del vino es menor y los cambios son más lentos y sutiles.

La fuente inicial de los compuestos aromáticos del vino es lógicamente la uva, tanto la pulpa como el hollejo y las semillas. Las proporciones relativas de estas moléculas varían según cada variedad de uva y se piensa que algunas surgieron para atraer animales beneficiosos, como aquellos que intervienen en la polinización (insectos, sobre todo) y en la dispersión de la semilla (pájaros, roedores y otros animales que comen las uvas y esparcen las pepitas al irse desplazando de un sitio a otro). También es posible que algunas de estas sustancias surjan con el objetivo contrario: alejar a los animales herbívoros, en particular cuando las semillas aún no están maduras. Por tanto, se produce una evolución: un ejemplo pueden ser los productos ácidos que hay en la uva inmadura, que son sustituidos por azúcares cuando la uva ha madurado y la semilla ya está lista para ser dispersada. Del mismo modo, el contenido bioquímico de la uva y, con ello, el espectro de aromas, va a depender de la trayectoria vital de cada vid, de la competencia con otras plantas, de la adaptación a las condiciones climáticas y ambientales, incluyendo la meteorología durante los meses de crecimiento y maduración de la uva.

Los compuestos responsables del aroma de un vino son muy variados. Usando espectrómetros cromatógrafos de masas se han identificado los compuestos volátiles responsables del aroma del vino en diversas variedades. La identificación de los compuestos abre la puerta a su manipulación, creando aromas artificiales que, para miedo de algunos, puedan manipular un vino; aun así, la química del vino es compleja y no es sencillo alterarla con éxito. Entre los compuestos aromáticos que han sido identificados en el vino están la metoxipirazina (aroma herbáceo asociado al cabernet sauvignon y al sauvignon blanco); los monoterpenos (responsables de los aromas florales de algunas variedades como el gewürztraminer, el muscat y el riesling; incluyen el geraniol, el linalool y el nerol); los norisoprenoides (compuestos aromáticos derivados de los carotenoides que incluyen la megastigmatrienona, que produce algunas de las notas de especias asociadas con el chardonnay, y la zingerona, responsable de notas de especias presentes en el syrah; y los tioles y los sulfurmercaptanos, compuestos que producen un olor a ajo y a cebolla que suelen considerarse frecuentemente como un defecto en la calidad del vino; sin embargo, en pequeñas cantidades contribuyen a los aromas de variedades como el cabernet sauvignon, gewürztraminer, merlot, muscat, petit manseng, pinot blanc, pinot gris, riesling, semillón y sylvaner.

Algunos de los aromas que se notan en las catas provienen de esteres creados por la reacción entre un ácido y un alcohol. Los esteres pueden formarse durante la fermentación, por influencia de las levaduras, o más tarde, por reacciones químicas generadas durante el envejecimiento del vino. Los dos factores más determinantes a la hora de formar estos esteres son la cepa de levaduras utilizada y la temperatura, lo que explica que, usando la misma variedad de uvas y en la misma zona, los vinos de una bodega y de otra puedan ser sustancialmente diferentes. Los esteres se forman y se disocian en sus ácidos y alcoholes constituyentes según el vino va madurando y ese es otro de los factores que hace que el vino vaya cambiando con el tiempo.

Antes de saborear el vino, se huele en la copa. Hay copas especiales diseñadas para enfatizar los aromas de algunas variedades determinadas. El tamaño de la copa permite en cierta manera crear una microatmósfera donde los aromas son encerrados unos segundos. Otro factor que influye es la temperatura del vino: los servidos a temperaturas superiores son más aromáticos que los que se sirven más fríos, puesto que el calor aumenta la volatilidad de los compuestos aromáticos. Agitar el vino aumenta la superficie en contacto con el aire, incrementando la evaporación.

Como en cualquier perfume, los aromas más sutiles quedan enmascarados por los más potentes; eso puede pasar antes y después de agitar, por lo que los catadores profesionales exploran el vino varias veces, en distintos momentos, intentando captar esas notas más sutiles. Puesto que la volatilidad varía, es conveniente también acercar al vino todo lo posible a la nariz para capturar aquellos compuestos que sean más pesados y se alejen menos de la superficie del vino. El catador normalmente combina unas inhalaciones cortas y rápidas y una larga y lenta para poder discriminar el mayor número de sustancias aromáticas. Los receptores olfatorios se saturan y se dice que la nariz se "fatiga" al cabo de seis segundos, por lo que es necesario establecer pausas adecuadas. Finalmente, cuando se traga el vino, se calienta en la boca y se mezcla con la saliva, aumentando así la vaporización de algunos compuestos. Estos aromas volátiles son inhalados "retronasalmente" a través de la parte posterior de la cavidad bucal y discriminados por los receptores olfatorios. Aunque los humanos podemos distinguir miles de olores diferentes, solo podemos nombrar unos pocos cuando se nos presenta una mezcla compleja. Este fenómeno, conocido como "fenómeno de la punta de la nariz", se contrarresta cuando al catador se le da una lista de posibles opciones donde es más fácil encontrar e identificar un aroma determinado.

Como en el resto de la interpretación sensorial de lo que nos rodea, al probar un vino hay una clasificación básica en olores agradables y olores desagradables. Estos últimos pueden ser muy leves, lo que va a separar distintos tipos de vinos según su preparación y envejecimiento, pero, a poco que se hagan notar, serán una señal de un vino malogrado y estropeado. A veces se distingue entre el aroma, que estaría formado por componentes naturales del vino presentes en la variedad de uva, y del buqué, que se refiere a moléculas odorantes que se producen en las reacciones bioquímicas y químicas que tienen lugar durante la fermentación y envejecimiento del vino. Los aromas se distinguen muy bien en los vinos de una única cepa o varietales, como el olor a lichi en los gewürztraminer o a casis en los cabernet sauvignon. Estos olores se asocian sobre todo a los vinos jóvenes.

El buqué incluye aromas complejos formados por las reacciones entre los ácidos, azúcares, alcoholes y compuestos fenólicos del vino y van variando con el contacto con la madera de las barricas y el envejecimiento. Algunos de estos componentes del buqué pueden ser la miel en un sauternes o la trufa en un pinot noir. En un grado mayor de sofisticación se pueden llegar a distinguir los aromas que forman el buqué durante el envejecimiento en barrica con los matices que se producen cuando el envejecimiento tiene ya lugar en la botella.

Ann Noble, química y especialista en la identificación de compuestos volátiles e investigadora en la Universidad de California, en Davis —un sitio privilegiado, cerca de los viñedos de los valles de California—, empezó recolectando vinos de las principales zonas vitivinícolas: Napa, Sonoma, Alexander Valley, Santa Ynez… Aprovechando las buenas narices de sus estudiantes —los jóvenes tienen un olfato mejor—, fueron clasificando y valorando los vinos al mismo tiempo que buscaban términos descriptivos sencillos para las características de su aroma: baya, pimiento, eucalipto, etc., que permitieran volver a identificar ese vino en una cata a ciegas y que otra persona que hubiera leído la descripción de un vino con ese perfil aromático fuera capaz de identificarlo entre un grupo de vinos parecidos.

Pero había una serie de problemas. El más evidente es que, mientras que para los colores tenemos una terminología específica y bastante detallada: todos entendemos lo que es un azul celeste o un azul marino, no hay nada parecido para los olores. En el ámbito de los aromas, nos movemos por aproximaciones, por algo que nos recuerda a ese olor: "Esto huele a cuero" o "huele a pescado". Y aunque los olores de un vino son muy sutiles, intentaron construir una serie de elementos básicos que permitieran dar nombre, usando esos ejemplos externos, a los aromas de un vino. Otro problema evidente en la identificación de vinos o cualquier otro producto natural por su aroma es que la sensación olfativa es muy subjetiva, por lo que Noble y sus estudiantes produjeron "estándares" sumergiendo bayas en un vino básico durante diez minutos y luego retirándolas. Ese vino "perfumado" debía servir como punto de partida para generar una matriz que permitiera algo enormemente complejo: la tipificación de un vino de acuerdo a su perfil gustatorio y olfatorio.

Armados con sus narices y sus escalas de valoración, los estudiantes de Noble fueron clasificando una gran cantidad de vinos y, al mismo tiempo, estableciendo las relaciones entre un gran número de muestras. Con todos aquellos datos, la investigadora construyó su *Rueda de los aromas del vino*[1], publicada en 1984. Esta es una representación gráfica que busca establecer una terminología universal para los aromas de los vinos, independientemente de zonas geográficas, culturas, idiomas y de la propia estructura de cada vino. Noble era crítica con los frasquitos que a veces se venden para los entusiastas de los vinos, pues pensaba que esos olores-tipo se degradaban con facilidad y que era mejor establecer referencias

1. Véase https://www.vinetur.com/2014120317595/que-es-la-rueda-de-aromas-del-vino.html

a productos del día a día muy reconocibles por cualquiera y fáciles de conseguir.

Lo mismo que Noble hizo con el vino fue realizado en la década de 1970 por un químico danés llamado Morten Meilgaard para la cerveza. Meilgaard, que trabajó a lo largo de su vida para distintas cerveceras en diferentes países, intentó estandarizar los aromas de varios tipos de cerveza estableciendo lo que él llamaba unidades de aroma (*flavor units*, FU). Establecía un valor umbral y luego iba puntuando a cada tipo de cerveza según la fuerza de ese estímulo. Los aromas más potentes, llamados constituyentes primarios, eran los que tenían un FU superior a 2, mientras que otros matices llamados por él constituyentes secundarios tenían valores entre 0,5 y 2,0. Estos eran muy variados, pero eran los que daban la personalidad a cada marca de cerveza. El objetivo era también estandarizar las producciones. Si uno de esos constituyentes secundarios se eliminaba, se producía un cambio menor, pero aun así distinguible, en el aroma y sabor de la cerveza. El tercer grupo era el de los constituyentes terciarios, que tenían FU comprendidos entre 0,1 y 0,5. La eliminación de alguno de ellos o de otros componentes de la cerveza que estuvieran en concentraciones inferiores al 0,1 FU no producía cambios perceptibles en el sabor de la cerveza, aunque, sin embargo, contribuían a la "personalidad" de esa marca determinada.

Su *Rueda de aromas de la cerveza*[2] se ha extendido por todo el mundo entre los amantes de esta bebida. Usa 14 categorías y 44 términos sensoriales para describir el aroma y el sabor de cualquier cerveza de los tres tipos principales: *lager*, *ale* o *stout*. La rueda de Meilgaard está fundamentada en aromas, pero también hay descriptores para sabores —amargo para el lúpulo o dulce para la malta— y factores físicos como la carbonación. El aroma ayuda a los enólogos y a los fabricantes de cerveza a seguir la evolución de sus productos. Por

2. Véase http://www.elrincondelcervecero.com/rueda-sabor-aroma-cerveza/

ejemplo, el olor a periódico húmedo en una cerveza indica que se ha oxidado.

La rueda de Meilgaard fue adoptada por la European Brewery Convention, la American Society of Brewing Chemists y la Master Brewers Association of the Americas, convirtiéndose en una herramienta básica del mundo de la cerveza. También se añadieron niveles de intensidad para los aromas.

Esta rueda es más valorada por los científicos, que se sienten cómodos con la tipificación de moléculas conocidas, y menos por los aficionados sin una especialización profesional, pero a los que les gusta beber cerveza o fabricarla en su casa. La razón fundamental es que establece los aromas básicos usando sustancias químicas: por ejemplo, el olor a papel de la cerveza oxidada se consigue añadiendo a una medida de cerveza una pequeña cantidad de trans-2-nonenal, lo que permite preparar estándares con precisión. Sin embargo, no consigue reproducir olores complejos, que parecen más fácil de lograr si se identifican con una estructura producida, diciendo que huele "a grosella" o "a espárrago", y los estándares no son sencillos ni baratos de fabricar en casa por el aficionado a la cerveza. Hay además un problema de terminología. En la categoría azufrado está azufrado, sulfítico y sulfídico, términos que solo puede apreciar un químico.

Estos sistemas descriptivos se han ido ampliando para otros productos donde el aroma es también un elemento fundamental, incluyendo el queso, la mayonesa, las salsas para pasta, el pan blanco, las galletas y la pasta de dientes. Hay ahora una rueda de aromas para el chocolate, propuesta en Suiza, una rueda de aromas para productos del arce, originada lógicamente en Canadá, una rueda de aromas para el brandi sudafricano, una paneuropea para la miel unifloral y otra para el queso, aunque, en este caso, la variabilidad y la complejidad de los aromas parece ser especialmente alta.

Todo esto deja claro que el mundo de los aromas cada vez está y estará más presente en nuestras vidas.

CAPÍTULO 6

Olfato y futuro

Periféricos olfatorios tecnológicos

En el mundo de la tecnología olfatoria y sus aplicaciones comerciales hay tres líneas de investigación y desarrollo que han generado un interés especial: las grabadoras/reproductoras de olores, los generadores de aromas y la teleolfacción.

Una grabadora/reproductora de olores es un aparato que tiene la capacidad de registrar olores, así como de volverlos a presentar posteriormente, a voluntad, tal como hace, por ejemplo, un vídeo o un lector de DVD para imágenes y sonidos. En la actualidad, hay muchos productos de consumo que tienen un perfil olfatorio determinado, desde la pasta de dientes al suavizante para la lavadora. Se piensa que un grabador/reproductor de olores sería un artículo valorado en el comercio electrónico, la industria de los videojuegos, los proyectos de realidad aumentada y la televisión y el cine. También se cree que sería una herramienta útil para conservar una información que, de momento, estamos perdiendo: la historia de los olores, la antropología de los sentidos. Ahora, hacemos registros sonoros de la experiencia de los mineros o políticos relevantes, pero no tenemos nada de los aromas de nuestro entorno, ni siquiera de épocas recientes. Y, sin embargo, es una información relevante, una parte perdida para siempre de nuestra memoria.

Teóricamente al menos, el grabador/reproductor de olores podría funcionar con dos unidades: la primera, similar a una nariz electrónica, identifica los componentes individuales de un olor y los cuantifica. En teoría, podemos percibir miles de millones de olores diferentes, pero, como nos manejamos con unos cientos de tipos de receptores olfatorios, parece plausible que, teniendo este número, importante no obstante, de "olores básicos", pudiéramos construir cualquier experiencia sensorial olfatoria.

La segunda tecnología novedosa es un generador de aromas, un dispositivo para presentar olores. En la actualidad, todos los ordenadores tienen periféricos para información visual (pantalla) y auditiva (altavoces). Lo mismo sucede a través de internet: podemos conseguir una cantidad ingente de información visual (imágenes, vídeos, dibujos, etc.) y sonora (música, entrevistas, *podcasts*, radio, etc.). Sin embargo, estamos perdiendo la información sensorial correspondiente a los otros sentidos, que es complementaria y en algunos casos muy relevante. El sistema más desarrollado es algo parecido a una impresora de tinta que mezcla pequeñas gotas de olores básicos, en cantidades de un nanolitro a un picolitro, y luego las calienta para evaporarlas y convertirlas en aromas. Tiene la ventaja de la baja persistencia y la ausencia de tuberías, y la mayor dificultad actual es la definición y producción de olores complejos a partir de los cartuchos elementales.

La tercera tecnología deseada es la teleolfacción. El objetivo es que los usuarios puedan oler objetos a distancia al mismo tiempo que ven imágenes, escuchan sonidos de esos objetos o experimentan situaciones; de esta manera, la percepción de realidad de ese objeto se refuerza. Lógicamente, los generadores de aromas, si tienen un tamaño suficientemente pequeño y su precio no es excesivo, son la herramienta fundamental para la teleolfacción, por lo que los objetivos segundo y tercero están íntimamente entrelazados. De hecho, ha habido en lo que llevamos de siglo XXI una interesante serie de intentos.

En 2000, DigiScents, una compañía informática de California, sacó un prototipo de un periférico informático con forma de aleta de tiburón y conexión a un puerto USB capaz de producir olores de forma interactiva. La idea se les había ocurrido a dos emprendedores, Joel Lloyd Bellenson y Dexter Smith, cuando estaban de vacaciones en Miami. Los dos socios apreciaron la variedad de olores, aromas y perfumes que disfrutaban en las playas de Florida y empezaron a dar vueltas a cómo almacenar esas experiencias, cómo transportarlas y cómo reproducirlas en contextos diferentes. No eran unos estudiantes delirando: habían fundado Pangea Systems, especializada en la gestión de servicios de tecnologías de la información para el mercado farmacéutico. Bellenson y Smith prepararon una "base de datos de olores" que seleccionaría los olores básicos y definiría cómo combinarlos para acercarse a la experiencia real. La idea era, de nuevo, parecida a lo que hace una impresora en color para la reproducción de una imagen, unos cartuchos con los olores básicos y un *software* que los liberara en cantidades y tiempos concretos, el modelo que siguen casi todos estos proyectos.

El aparato consistía básicamente en un nebulizador controlado por un programa informático que podría mezclar 128 olores básicos contenidos en cartuchos, consiguiendo recrear olores naturales o artificiales. La parte tecnológica no presentaba ningún problema, pues era un cruce entre una impresora de chorro de tinta y un ambientador sofisticado. El sistema permitía liberar un olor determinado cuando el usuario visitase una web o recibiese un correo electrónico de un proveedor o de un remitente concreto. La empresa profetizaba que los desarrolladores de videojuegos para ordenador podrían ampliar la experiencia del usuario con olores basados en los personajes, en la escena del momento o de recompensa, por ejemplo. Se especuló si podrían fabricar también el famoso "olor del miedo", un aroma que, teóricamente, pone nuestro cuerpo en tensión —una feromona de alarma— y que podría proporcionar una nueva dimensión al jugador de un programa de aventuras o de guerra.

Los escépticos seguramente cambiarán su opinión al saber que esta compañía recibió veinte millones de dólares de inversores interesados en el producto, estableció alianzas con otra multinacional interesada en promocionar el olor de algunos de sus productos, como una pasta de dientes, unos pañales y unas patatas fritas, con desarrolladores de un *software* que produce *streaming* de diversos medios, y con la mayor compañía del mundo en el ámbito de las esencias y los perfumes.

El desarrollo de este aparato puso de manifiesto algunos de los problemas de los periféricos aromatizadores. La mayoría de las experiencias olfatorias se basan en una combinación de un gran número de sustancias en proporciones definidas. Mientras que a un sistema de impresión le basta con cuatro cartuchos: cyan, magenta, amarillo y negro, el periférico necesitaba 128 cartuchos, lo que disparaba los costes. Por otro lado, el alto nivel de discriminación del sistema olfatorio requería una calibración perfecta y una definición muy exacta de las sensaciones olfatorias. Un problema añadido era que, mientras que todos tenemos olores que nos agradan y nos desagradan —y no todos coinciden en todas las personas—, podemos tener colores favoritos y colores que no lo sean, pero nunca al nivel de repugnancia y rechazo que consigue el sentido del olfato. Es decir, puede que no nos guste el color rosa, pero no hay nadie que no "soporte" el rosa, y eso sí pasa con algunos odorantes. Otro aspecto que se echó de menos es que conocemos demasiado poco sobre nuestras reacciones ante los olores: para conseguir las fórmulas de las "sinfonías aromáticas", los patrones de mezcla de los cartuchos en concentraciones y tiempos determinados, habría que haber incluido la respuesta de los humanos en los receptores olfatorios y ver las reglas de mezcla de nuestro epitelio sensorial, y eso es algo que está todavía por hacerse.

La historia no terminó ahí. En 2000, MicroFab exploró la posibilidad de crear dispensadores de aromas. Esta empresa está especializada en la liberación de microcantidades de productos utilizando la tecnología del chorro de tinta. Entre sus aplicaciones industriales y científicas están la de los nanometales, soldaduras líquidas, adhesivos, polímeros ópticos y eléctricos, así como productos biomédicos, incluyendo reactivos, proteínas y ADN. La gran ventaja es la precisión, rapidez y digitalización de esta tecnología, lo que le permite un control automatizado, fundamental en los olores digitales, y el poder trabajar con cantidades minúsculas.

En 2003, Trisenx, una empresa fundada en 1999, lanzó un aparato generador de aromas. En 2004, Telewest Broadband, una de las empresas proveedoras de internet en Reino Unido, lo probó como un periférico que podía ofertar a sus clientes. El aparato tenía el tamaño de una tetera y podía generar hasta sesenta aromas diferentes liberando partículas odorantes desde una combinación de veinte cápsulas rellenas de líquidos con olores básicos. Como en otros casos, este aparato reproducía los olores tras la activación de un código incrustado en una página web o en un correo electrónico. La empresa decía que el aparato podría mejorar la página web de una agencia de viajes generando olor a protector solar o a brisa marina, o bien crear nuevas sensaciones uniendo a la página de un supermercado el olor de un bizcocho recién sacado del horno o de la fruta fresca. Además, Ellwood Ivey, fundador y director ejecutivo de Trisenx, argumentaba que los usuarios podrían mezclar diferentes aromas para crear olores personalizados y que, teóricamente, también podrían generar aromas desagradables como bombas fétidas electrónicas.

En 2004, Tsuji Wellness y France Telecom desarrollaron otro aparato generador de olores con seis cartuchos con geles con olores y que fue probado en cibercafés y otros lugares. La publicidad decía que podían producir aromas como tempura, estofado de carne con patatas, un plato chino llamado *chezhao* y un curry de cerdo canadiense. Debía de ser para generar hambre en los clientes y que se acercaran al restaurante del establecimiento.

En 2005, un grupo de investigadores de la Universidad de Huelva desarrollaron un protocolo de XML que podía transmitir olores. Los investigadores onubenses también desarrollaron un aparato para generar aromas y trabajaron en su miniaturización. El mismo año, Thank lanzó un periférico conectable por USB que llevaba tres cartuchos con diferentes odorantes y que podía utilizarse como accesorio en cualquier sistema informático.

Actualmente se sigue trabajando en esta tecnología. En 2005, un grupo de investigadores japoneses anunció que estaban trabajando en una televisión en 3D que interactuaría además con el tacto y el olfato y que estaría disponible en el mercado para el año 2020. La pantalla estaría situada en el suelo y generaría imágenes que se podrían "tocar" y que tendrían un olor determinado. La idea es que se pudiera oler la comida de un programa de cocina o tocar un jersey que el usuario pensara comprarse.

En 2007, se fundó una nueva compañía llamada Scentcom cuyo objetivo era crear experiencias sensoriales en distintos ámbitos a través de perfumes (juegos, televisión, coches, teléfonos móviles, etc.). En 2011, una nota de prensa de la Facultad de Ingeniería de la Universidad de California, San Diego, en colaboración con el Instituto de Tecnología Avanzada de Samsung, describía en un artículo científico publicado en la revista *Angewandte Chemie* la optimización y miniaturización de un artilugio que permitía seleccionar y liberar aromas y que podía ser el componente básico para los sistemas de aromatización digital que se podrían incorporar en televisiones y teléfonos. El equipo investigador usó una matriz X-Y para minimizar la cantidad de circuitos requeridos y poder obtener un sistema compacto que generase cualquier aroma en cualquier momento. El odorante provenía de una solución acuosa como el amoniaco que generaba un gas con un olor característico cuando se calentaba con una resistencia por la que pasaba una corriente eléctrica. La solución se mantenía dentro de un elastómero de silicona que no era tóxico ni inflamable. Cuando aumentaba la presión del gas dentro de ese pequeño compartimento, se abría una pequeña compuerta que liberaba el olor. La ventaja del sistema en matriz es que, en vez de necesitar miles de controles individuales para atender a la gran variedad de olores que requiere un sistema comercial, bastaban doscientos controles, cien en el eje X y cien en el eje Y, para activar selectivamente cada uno de una paleta de diez mil olores diferentes.

En 2013, otro grupo japonés presentó un prototipo de lo que ellos llamaban "pantalla olorosa". El aparato combinaba una pantalla digital con cuatro pequeños ventiladores que remitían un olor a un punto específico de la imagen. Los ventiladores funcionaban a una velocidad muy baja, lo que hacía que el usuario no percibiera el flujo de aire y tuviera la sensación de que el aroma provenía directamente de la pantalla, en concreto de un objeto mostrado en esa esquina del monitor. También Aos Porat, director de la parte tecnológica de Scent2you, una empresa israelí especializada en el desarrollo de aparatos para la liberación controlada de aromas con conexión a un amplio grupo de sistemas, ha presentado sus nuevos productos.

A pesar de todos estos desarrollos empresariales, parece que lo que hemos llamado "olor digital" es algo con poca demanda y con dificultades para su puesta en marcha, en particular por la gran variedad de olores básicos necesarios y la dificultad para limpiar el ambiente tras la liberación de una mezcla odorante. Las aplicaciones obvias son comerciales, pero se teme que sea una tecnología cara para los resultados esperables. Esto demuestra que el sentido del olfato no solo es el menos conocido, sino que es habitualmente despreciado en los nuevos avances tecnológicos.

Narices electrónicas

Hace cien años, Alexander Graham Bell planteaba la siguiente cuestión: "¿Puedes medir la diferencia entre una clase de olor y otro? Es obvio que existen muchos tipos diferentes de olores, toda la gama existente entre el olor a violeta y rosas hasta la asafétida. Pero hasta que no puedas medir sus semejanzas y diferencias, no existirá la ciencia del olor. Si eres ambicioso para encontrar un tipo de ciencia, mide el olor". Bell también decía: "Los olores cada vez van siendo más importantes en el mundo de la experimentación científica y en la medicina, y, tan cierto como que el Sol nos alumbra, es que la necesidad de un mayor conocimiento de los olores alumbrará nuevos descubrimientos". Hasta ahora no hay resultados significativos a este respecto, aunque detectar y clasificar los distintos tipos de olores puede ser extremadamente útil.

El olfato artificial, también llamado nariz electrónica, es un dispositivo electrónico que emula al sistema olfativo humano y que pretende realizar funciones atribuidas a este. A diferencia de los cromatógrafos de gases y espectrómetros de masas, que analizan cuantitativamente cada componente de una muestra por separado, el olfato electrónico es un sistema de medición mediante un sensor y un dispositivo para el procesamiento de la señal.

Los primeros prototipos de narices electrónicas se diseñaron en los años sesenta y su componente principal era un sensor de gas conocido como Sniffer. El concepto de *nariz electrónica* surge en la década de los ochenta, definido como un conjunto de sensores capaces de generar señales en respuesta a compuestos volátiles y dar, a través de una adecuada técnica de múltiples análisis de componentes, la posibilidad de discriminación, el reconocimiento y la clasificación de los olores. El objetivo de la nariz artificial es poder medir de forma objetiva el olor. Es, por tanto, un instrumento capaz de realizar análisis cualitativos o cuantitativos de una mezcla de gases, vapores y olores usando una combinación de proteínas acopladas a transistores, de forma que se puedan clasificar y detectar distintos aromas/olores. Se asemeja a la nariz humana en todas y cada una de sus partes y está formada por un conjunto de sensores que identifican determinadas señales y que un *software* específico interpreta como olores.

Los sensores de olores —equivalentes a las neuronas sensoriales olfativas del epitelio olfativo— están compuestos por materiales inorgánicos (óxido de metal), materiales orgánicos (polímeros conductores) o materiales biológicos (proteínas/enzimas). El uso simultáneo de estos sensores dentro de una nariz electrónica favorece la respuesta a distintas condiciones. Las aplicaciones de la nariz electrónica son numerosas: seguridad (detección de explosivos, clasificación de humos contrabando de drogas, descubrimiento de agentes biológicos y químicos), medioambiente (nivel de contaminantes en agua, localización de dióxido de carbono y otros contaminantes urbanos o de hongos en bibliotecas), medicina (infecciones del tracto respiratorio, análisis de aliento, sudor, orina), industria farmacéutica (mal olor de medicamentos, control en áreas de almacenamiento) y agroalimentación (detección de adulteración de aceites, maduración de frutas, curación de embutidos y quesos).

Hace relativamente poco, un equipo español ha diseñado una nariz artificial para poder detectar en aguas embalsadas el olor que produce la geosmina. Asimismo, se están diseñando otras narices basadas en sensores químicos de vapores para analizar algunos compuestos orgánicos volátiles que aparecen en el aliento exhalado en concentraciones modificadas, en comparación con los compuestos orgánicos volátiles en un estado normal. De hecho, en etapas tempranas de algunos tipos de enfermedades se producen cambios del metabolismo que tienen como consecuencia variaciones en la bioquímica de la sangre, lo que se transmite al aire exhalado a través de los pulmones. Esperamos que, en un futuro, próximo esta identificación electrónica de los olores permita el diagnóstico precoz de diferentes tipos de asma, diabetes, cáncer o enfermedades tropicales como hidatidosis, leishmaniasis y dengue y, en consecuencia, actúen como biomarcadores. Asimismo, en el área de la seguridad, se investiga en el desarrollo de un detector de trazas de vapores explosivos.

Las narices electrónicas "van a oler" tantas moléculas distintas como sensores específicos tengan, que en general no pasan de diez, siendo necesario determinar cuál es el umbral humano para un olor característico. Recientemente se han diseñado narices electrónicas capaces de diferenciar entre olores de moléculas quirales, que, como ya comentábamos, muestran dos formas diferentes, "derecha" o "izquierda", donde una es la imagen especular de la otra. Estos sensores distinguen entre las diferentes formas de una misma molécula y diferencian estos olores al igual que la nariz humana, que en realidad son formas especulares de moléculas quirales.

Las nuevas generaciones de sensores también pueden servir para detectar ese olor corporal personal conocido como huella olorosa. Esta puede llegar a identificar a una persona como ocurre con la huella digital. Helen Keller esbozó la idea de que la gente emite un olor personal, como una huella olfativa única e individual, que para ella tenía un valor incalculable y que le aportaba datos como el oficio de cada una de las personas con las que tenía relación. Y no se trata del perfume, sino que cada uno de nosotros tenemos un olor particular, un patrón aromático, compuesto por secreciones de la piel, flora bacteriana, así como olores procedentes de medicamentos, alimentos, cosméticos, perfumes, etc. Este patrón podría emplearse, en el futuro, para la identificación personal e incluso en investigación criminalística para la localización de delincuentes.

La odorología criminalística es una técnica forense que desarrolla la aplicación de determinados medios y procedimientos para comparar el olor de un sospechoso con las muestras de olor recogidas en el lugar del crimen. En algunos países se permite usar como prueba válida la huella del olor. Científicos israelíes están desarrollando una nariz electrónica que pueda detectar la "huella aromática" de seres humanos a nivel individual como si se tratase de una huella digital; se trata en realidad de un dispositivo que utiliza varios algoritmos de clasificación. La aplicación policial de esta técnica también servirá para distintos fines, como recoger "huellas aromáticas" en la escena de un crimen y compararlas con las de posibles sospechosos. Este olor particular está determinado genéticamente y permanece estable a pesar de las variaciones en el ambiente y la dieta. Por tanto, el olor proporciona un rastro reconocible de cada individuo que puede detectarse por la nariz, por un animal entrenado o utilizando instrumentos químicos más sofisticados.

Las narices electrónicas están todavía lejos de imitar el funcionamiento del olfato humano, pero para una serie de aplicaciones, el uso del olfato humano tiene inconvenientes, como la subjetividad en la percepción olfativa, la exposición a gases dañinos para el organismo, además de la fatiga y el deterioro que implica la exposición constante a estas pruebas. Por tanto, las narices electrónicas son importantes porque resultan un mecanismo rápido y confiable para monitorizar de forma continua y en tiempo real olores específicos.

Herramienta para el diagnóstico

Los olores pueden provocar respuestas positivas emocionales, físicas y mentales. Algunos olores desagradables y penetrantes, denominados hedores, se han asociado tanto a la muerte como a la transmisión de enfermedades. Landré-Beauvais recomendaba a los médicos memorizar los diferentes olores que exhalan los cuerpos, tanto sanos como enfermos, a fin de crear una tabla olfativa de las enfermedades. De esta forma, los médicos trataban de analizar los olores con el fin de elaborar un primer diagnóstico.

Así, Landré-Beauvais reconocía que la halitosis es uno de los signos del empacho y los médicos intentaban descubrir determinadas enfermedades por las alteraciones del aliento a través del olor específico en el aire exhalado por la boca del paciente. Se pensaba que determinadas enfermedades tienen olor (compuestos orgánicos volátiles): 1) un aliento con olor afrutado se manifiesta a medida que el organismo elimina el exceso de acetona a través de la respiración, lo que puede ocurrir en caso de diabetes; 2) un aliento que huele a pescado crudo se produce por un trastorno del hígado (insuficiencia hepática); 3) un aliento con olor a vinagre es desprendido por algunos pacientes con esquizofrenia; 4) el olor similar al amoniaco (parecido a la orina) suele ser signo de insuficiencia renal o infección en la vejiga.

El análisis moderno del aliento empezó en la década de 1970, cuando el doble premio Nobel de Química (1954) y de la Paz (1962) Linus Pauling detectó por cromatografía de gases más de doscientos compuestos orgánicos volátiles, aunque en la actualidad sabemos que el aliento puede contener más de tres mil compuestos. Entre las pruebas de aliento más conocidas destacan la que se realiza para detectar la presencia en el estómago de la bacteria *Helicobacter pylori*, responsable de úlceras e inflamación del estómago y de la gastritis crónica, las pruebas de alcoholemia que identifican la presencia de etanol y acetaldehído y las que detectan óxido nítrico exhalado como predictivo del asma infantil.

Asimismo, antes de que se comenzaran a perfeccionar los medios de investigación médica a partir del siglo XVIII, el análisis del olor y color de la orina era el recurso más empleado en el diagnóstico. Existían ruedas con categorías olfativas que marcaban analogías entre el olor/color y la enfermedad. Como anécdota curiosa, una enfermedad rara de origen metabólico recibe el nombre de "enfermedad del jarabe del arce" por el olor dulzón de la orina de los pacientes, similar al de este alimento. En otros casos, la orina puede oler a pescado si se padece trimetilaminuria (o síndrome de olor a pescado), mientras que el olor a levadura o el olor a amoniaco se debe a la presencia de determinadas bacterias.

Actualmente se están llevando a cabo varias investigaciones centradas en el diagnóstico precoz del cáncer de pulmón mediante compuestos exhalados a través del aliento. Existen indicios de que perros bien entrenados pueden detectar tumores cancerígenos a partir del aliento y las heces. En la actualidad, distintos laboratorios intentan descubrir algún elemento común de los distintos tumores, y, dado que los perros poseen una enorme capacidad de discriminación odorífera, incluso con olores extremadamente parecidos en su composición química, se están entrenando perros para que, oliendo la orina de los pacientes, puedan indicar o predecir la existencia de cáncer de próstata y piel. Una vez se conozcan los tipos de compuestos segregados por las células tumorales que identifican los perros, se podrán desarrollar narices electrónicas que puedan complementar la práctica clínica. En este sentido, las narices electrónicas serían de gran ayuda en el sector de la biomedicina, basándonos en que el "patrón aromático" que desprende una persona enferma es distinto al de una sana.

Futuro: biomedicina, industria agroalimentaria, medioambiente, seguridad ¡y sexo!

Sin lugar a dudas, el sentido del olfato es quizá el menos apreciado de los cinco y, sin embargo, es de gran utilidad en numerosas áreas de la industria, como la perfumería, la automoción, la minería, el diagnóstico clínico o la monitorización medioambiental.

En el campo de la seguridad, es común ver a la policía con perros entrenados para la detección de drogas, alimentos prohibidos o explosivos, pero también de personas que han quedado enterradas entre los escombros tras un terremoto. Los fabricantes de explosivos incorporan en su fabricación sustancias relativamente volátiles o *taggants* (expresión inglesa que puede traducirse por trazadores o identificadores). Facilitan la detección o identificación del explosivo y son necesarios porque una gran parte de los explosivos convencionales están formados por componentes con muy baja presión de vapor, lo que hace que sean poco detectables. Se trata de añadir en la composición del explosivo una pequeña cantidad de una sustancia muy volátil para que perros adiestrados o equipos electrónicos de detección (narices electrónicas) puedan rastrearlos con facilidad. En ocasiones, los perros, además de encontrar drogas y explosivos, son entrenados para detectar semillas o animales que pudieran alterar la flora autóctona.

Olores, aromas, esencias, fragancias, perfumes, hedores... ligados a emociones, experiencias, sensaciones, atracción, repulsión, todo depende del grado hedónico, de si los olores son placenteros o desagradables. Esto nos lleva a pensar en la complejidad del sentido del olfato, un sistema sobre el que aún quedan muchas preguntas sin resolver. Muchos investigadores han considerado el sistema olfativo como un modelo extraordinario para el abordaje de problemas muy diversos, tanto para el estudio del sistema nervioso, con consecuencias en diagnóstico y clínica, como para el uso de la información olfativa en la construcción de biosensores. Las características especiales de algunas de las células del sistema olfativo las hacen particularmente atractivas para su posible utilización en medicina reparativa y las modificaciones de la capacidad olfativa humana podrían ser utilizadas como indicadores tempranos de determinadas enfermedades neurodegenerativas.

Por otra parte, la información de olor puede ser utilizada para determinar el grado de madurez de productos naturales y elaborados (vinos, embutidos, quesos, aceites, etc.). Además, el estudio de la olfacción en insectos se presenta como una de las vías para luchar contra la transmisión de enfermedades por efecto de las picaduras, así como contra las plagas de los cultivos, ya que el sentido del olfato ayuda a los insectos a encontrar alimento, pareja y a depositar sus huevos. *Micro*, la novela póstuma de Michael Crichton, refleja la importancia del olfato en un micromundo de insectos y otros animales de similar tamaño, donde es tan importante la detección de olores como la liberación de ciertas sustancias químicas como forma de atracción, repulsión, ataque o defensa.

Ciertamente, los olores desempeñan un papel todavía por revelar en nuestras vidas a todos los niveles. La "invisibilidad" de los olores despertó interés para filósofos contemporáneos, con la revalorización de los llamados "sentidos menores", es decir, el gusto, el olfato y el tacto, frente a los sentidos más cognitivos/intelectuales, como la vista (artes mayores o plásticas: arquitectura, escultura, pintura) y el oído (literatura, música). De hecho, la sensación olfatoria está en planos no enteramente conscientes, en un mundo de la comunicación química que quizá está por descubrir. Las "señales olfativas" tienen significados muy diferentes si se comparan personalidades, sociedades y culturas distintas.

Dicen que el mejor perfume del mundo es el olor de la persona a la que amas. Ha aparecido recientemente un nuevo servicio de citas cuyo funcionamiento se basa en lo que conocemos en la actualidad sobre el olfato. La empresa, en primer lugar, envía una camiseta que se debe usar durante tres días y tres noches sin ponerse desodorante. A continuación, se remite por correo esa misma camiseta a la empresa, que a su vez te envía muestras de camisetas usadas por otras personas. Una vez olidos esos retales, se señalan cuáles son los más atractivos. Si coinciden dos personas, la empresa los pone en contacto.

El estudio de los aromas, el conocimiento del olfato, es todavía una frontera para la ciencia moderna. Tenemos demasiados interrogantes y, al mismo tiempo, la esperanza de que la investigación nos irá dando en los próximos años información valiosa que mejorará, en aspectos muy diversos, nuestra calidad de vida. Es posible que el olfato nos ayude a comprender mejor el funcionamiento del sistema nervioso y a luchar contra las plagas modernas de la humanidad: el cáncer, las infecciones transmitidas por mosquitos y las enfermedades neurodegenerativas. Los humanos nos fuimos hace mucho de aquel paraíso de leyenda, el jardín cerrado pleno de flores y hierbas aromáticas, pero el disfrute de una buena fragancia, ese placer esencial, sigue junto a nosotros y no nos abandonará jamás.

Bibliografía

ACKERMAN, D. (1992): *Una historia natural de los sentidos*, Barcelona, Anagrama.

AGOSTA, W. C. (1992): *Chemical communication. The language of pheromones*, Nueva York, Scientific American Library.

ALTMAN J. y DAS, G. (1965): "Autoradiographic and histological evidence of postnatal hippocampal neurogenesis in rats", *Journal of Comparative Neurology*, 124, pp. 319-333.

AMEMIYA, C. T. *et al.* (2013): "The African coelacanth genome provides insights into tetrapod evolution", *Nature*, 496, pp. 311-316.

AMOORE, J. E. (1970): *Molecular basis of odor*, Thomas.

BOHNEN, N. I. *et al.* (2010): "Olfactory dysfunction, central cholinergic integrity and cognitive impairment in Parkinson's disease", *Brain*, 133 (6), pp. 1747-1754.

BRAMERSON, A.; JOHANSSON, L.; EK, L. *et al.* (2004): "Prevalence of olfactory dysfuntion: the skövde population-based study", *Laryngoscope*, 114, pp. 733-737.

BURTON, R. (1976): *The language of smell*, Londres, Routledge & Kegan Paul.

BUSHDID, C.; MAGNASCO, M. O.; VOSSHALL, L. B. y KELLER A. (2014): "Humans can discriminate more than 1 trillion olfactory stimuli", Science, 21, 343 (6177), pp. 1370-1372.

CASTRO, J. B.; RAMANATHAN, A. y CHENNUBHOTLA, C. S. (2013): "Categorical dimensions of human odor descriptor space revealed by non-negative matrix factorization", *PLoS One*, 8 (9):e73289, doi: 10.1371/journal.pone.0073289.

CRICHTON, M. (2012): *Micro*, Barcelona, Plaza & Janes Editores.

DE LA MORENA, A. (2013): "Descubre cómo conquistar a cada uno de los sentidos con el marketing sensorial". Disponible en: www.neuromarketingattraction.wordpress.com

DOTY, R. L. (2012): "Olfaction in Parkinson's disease and related disorders", *Neurobiology Disease*, 46, pp. 527-552.

— (2015): *Handbook of olfaction and gustation*, 3ª ed., Nueva York, Wiley-Blackwell.

FINGER, T. E. (1987): *Neurobiology of taste and smell*, Nueva York, John Wiley & Sons.

GILBERT, A. (2008): *What the nose knows. The science of scent in everyday life*, Nueva York, Crown.

HERV, T. (2006): *Molecular Gastronomy: Exploring the Science of Flavor*, Nueva York, Columbia University Press.

HILDEBRAND, J. G. y SHEPHERD, G. M. (1997): "Mechanisms of olfactory discrimination: converging evidence for common principles across phyla", *Annual Review of Neuroscience*, 20, pp. 595-631.

KELLER, A. y VOSSHALL, L. B. (2004): "A psychophysical test of the vibration theory of olfaction", *Nature Neuroscience*, 7, pp. 337-338.

KORSMEYER, C. (1999): *Making sense of taste: food and philosophy*, Nueva York, Cornell University Press.

LANDIS, B. N.; KONNERTH, C. G. y HUMMEL, T. (2004): "A study on the frequency of olfactory dysfunction", *Laryngoscope*, 114, pp. 1764-1769.

MAESTRE DE SAN JUAN, A. (1856): "Teratología: falta total de los nervios olfatorios con anosmia en un individuo en quien existía una atrofia congénita de los testículos y el miembro viril", *El Siglo Médico*, 3, pp. 211-221.

NEI, M.; NIIMURA, Y. y NOZAWA, M. (2008): "The evolution of animal chemosensory receptor gene repertoires: roles of chance and necessity", *Nature Reviews Genetics*, 9, pp. 951-963.

NOBACK, M.; HARVATI, K. y SPOOR, F. (2011): "Climate-related variation of the human nasal cavity", *Journal of Physical Anthropology*, 145, pp. 599-614.

PARMA, V.; TORNASI, C.; GROSSI, P.; ATZORI, M.; CALABRESE, M.; TIRINDELLI, R.; GALLO, P. y CASTIELLO, U. (2010): "Specific smell dysfunctions in relapsing-remitting multiple sclerosis", *Journal of Neurology and Neurophysiology*, doi:10.4172/2155-9562.1000101.

PRETI, G.; CUTLER, W. B.; GARCIA, C. R.; HUGGINS, G. R. y LAWLEY H. J. (1986): "Human axillary secretions influence women's menstrual cycles: the role of donor extract of females", *Hormones Behavior*, 20 (4), pp. 474-482.

PROUST, M. (1913): *Por el camino de Swan*, tomo I, Madrid, Espasa Calpe.

RENEGADE, J. (1886): *La vida normal y la salud*, Barcelona, Montaner i Simon.

SHEPHERD, G. (2011): *Neurogastronomy, how the brain creates flavor and why it*, Nueva York, Columbia University Press.

SIDEROWF, A.; JENNINGS, D.; EBERLY, S.; OAKES, D.; HAWKINS, K. A.; ASCHERIO, A.; STERN, M. B. y MAREK, K. (2012): "Impaired olfaction and other prodromal features in the Parkinson At-Risk Syndrome Study", *Movement Disorders*, 27 (3), pp. 406-412.

TAFALLA, M. (2010): *Nunca sabrás a qué huele Bagdad*, Barcelona, Universitat Autónoma de Barcelona.

TAMIR, A. (2012): "Quantitative survey on the same shape of nose for women and men", *Journal of Craniofacial Surgery*, 23 (6), pp. 568-569.
TURIN, L. (2006): *The secret of scent. Adventures in perfume and the science of smell*, Londres, Faber and Faber.
VROON, P. (1994): *La seducción secreta. Psicología del olfato*, Barcelona, Tusquets.
WILLIAMS, H. y PEMBROKE, A. (1989): "Sniffer dogs in the melanoma clinic", *Lancet*, 1 (8640), p. 734.